Roudabeh Malekzadeh

Princípio do teste com citometria de fluxo

Roudabeh Malekzadeh

Princípio do teste com citometria de fluxo

ScienciaScripts

Imprint

Any brand names and product names mentioned in this book are subject to trademark, brand or patent protection and are trademarks or registered trademarks of their respective holders. The use of brand names, product names, common names, trade names, product descriptions etc. even without a particular marking in this work is in no way to be construed to mean that such names may be regarded as unrestricted in respect of trademark and brand protection legislation and could thus be used by anyone.

Cover image: www.ingimage.com

This book is a translation from the original published under ISBN 978-620-6-77329-0.

Publisher:
Sciencia Scripts
is a trademark of
Dodo Books Indian Ocean Ltd. and OmniScriptum S.R.L publishing group

120 High Road, East Finchley, London, N2 9ED, United Kingdom
Str. Armeneasca 28/1, office 1, Chisinau MD-2012, Republic of Moldova, Europe
Printed at: see last page
ISBN: 978-620-7-91101-1

Em nome de Deus

Princípio do teste com citometria de fluxo

Roudabeh Malekzadeh

Mestrado em Genética, Universidade Azad Kazeroon

Correio eletrónico: malekzaderoudi@gmail.com

Introdução:

A citometria de fluxo é um método útil para obter o fenótipo e as características das células. Baseia-se na dispersão da luz pelas células em estudo e na emissão de fluorescência pelas mesmas. A emissão de fluorescência é obtida através da utilização direta de corantes fluorescentes ou de uma combinação de corantes fluorescentes e anticorpos monoclonais. Estes anticorpos conjugados com fluorescência podem detetar e ligar-se a moléculas de superfície ou a compostos internos das células, tornando possível a identificação de tipos de células numa população celular diversificada por citometria de fluxo. Este método foi basicamente desenvolvido por imunologistas que tentaram separar populações puras de células umas das outras e, após a sua proliferação em meio de cultura celular, estudar o papel individual de cada célula no sistema imunitário. Os primeiros dispositivos podem analisar apenas um ou dois corantes fluorescentes, mas atualmente foram introduzidos dispositivos que podem detetar e analisar onze corantes fluorescentes simultaneamente. Atualmente, a utilização de tecnologias modernas para aumentar a velocidade e a facilidade de execução dos trabalhos está a expandir-se cada vez mais. Nas últimas décadas, a citometria de fluxo tornou-se uma ferramenta essencial no diagnóstico da leucemia sanguínea em seres humanos. A citometria de fluxo é normalmente utilizada para identificar a linha celular, analisar o tecido celular maduro e detetar a heterogeneidade da população de células tumorais. Na última década, a utilização deste método em laboratórios clínicos e no diagnóstico de vários tipos de cancro aumentou drasticamente.

Índice

Capítulo 1: Princípio dos testes com citometria de fluxo

História:

A história da citometria de fluxo remonta aos ensaios de Andrew Moldovan em 1930. Este concebeu um dispositivo que utilizava uma célula fotoeléctrica que contava as células que passavam pelo meio de um tubo capilar no ecrã de uma lâmina de microscópio. O primeiro artigo sobre citometria de fluxo data de 1934, quando foi publicado na revista Science. Neste artigo, o autor refere-se à contagem de células sanguíneas num tubo capilar por um sensor fotoelétrico. Em 1970, o primeiro sistema de citometria de fluxo foi desenvolvido pela FVAG e entrou no mercado, sendo a sua principal capacidade a análise do ADN e o exame dos seus valores. Posteriormente, entraram no mercado os contadores diferenciais baseados na citometria de fluxo. As fontes de luz utilizadas nestes sistemas eram lâmpadas de tungsténio de halogéneo. Em 1972, Herzenberg et al desenvolveram o primeiro dispositivo de seleção de células baseado na fluorescência. Este dispositivo era basicamente um citómetro de fluxo que podia separar as células após a análise das mesmas. Em 1995, a capacidade de medir pelo menos 5 parâmetros por cada 25 000 células por segundo era utilizada por rotina para melhorar o diagnóstico e a gestão de diferentes estados e diagnósticos de doenças. Em 2003, foram introduzidos dispositivos de alta velocidade que utilizam tecnologia digital.

A citometria de fluxo e a sua importância:

A medição das diferentes propriedades das células à medida que estas passam individualmente num fluxo muito estreito é designada por citometria de fluxo. A citometria de fluxo é utilizada para contar células e até para as identificar e diferenciar numa amostra de células misturadas. Embora a citometria de fluxo meça uma célula de cada vez, a tecnologia mais recente neste domínio pode medir centenas de milhares de células num curto período de tempo. A citometria de fluxo é amplamente utilizada em todos os principais institutos de investigação médica e universidades para efetuar operações que exigem precisão analítica e elevado rendimento. Além disso, a citometria de fluxo desempenha um papel fundamental no diagnóstico de doenças em hospitais e centros médicos. A citometria de fluxo é também um método seletivo para monitorizar os parasitas do sangue nos glóbulos vermelhos dos mamíferos (células sem genoma nuclear), utilizando corantes fluorocromáticos que se ligam ao ADN do parasita. A citometria de fluxo pode ser utilizada para detetar uma variedade de parasitas sanguíneos eritrocitários (células sem genoma nuclear) utilizando corantes fluorocromáticos que se ligam ao ADN do parasita. Com este dispositivo, até a percentagem de parasitas pode ser bem estimada.

Por último, a leucemia pode ser diagnosticada através da marcação de anticorpos monoclonais com fluorocromo e da sua reação com marcadores de superfície celular com elevada precisão.

Princípios dos testes com citómetro de fluxo:
A amostra de células analisada é uniformemente dispersa e entra numa coluna estreita preenchida com uma folha de fluido sob pressão de um fluido isotónico. A folha de solução rodeia o canal estreito e a amostra analisada passa através do fluxo central a partir do meio da folha de solução e transforma-se em células individuais. A velocidade de passagem pode atingir 10 metros por segundo. Para identificar os marcadores de superfície, a amostra analisada é adjacente a anticorpos monoclonais específicos marcados com um dos fluorocromos. Se ocorrer uma reação, a superfície da célula adquire uma propriedade fluorescente e é excitada pela absorção da luz laser e reflecte um comprimento de onda mais longo. A luz recuperada é medida em diferentes ângulos. A sensibilidade da seleção de células depende da forma e da intensidade da luz laser. O diâmetro do feixe laser é de cerca de 650 µm, que colide com a célula através de lentes no seu trajeto, que têm um diâmetro estreito. A medição da dispersão da luz laser ao longo do eixo do feixe de radiação depende do tamanho da célula. A análise da recuperação da luz

de fluorescência após a exposição ao laser em ângulos laterais e ângulos de 90°
fornece características do estado do antigénio e do conteúdo intracelular.

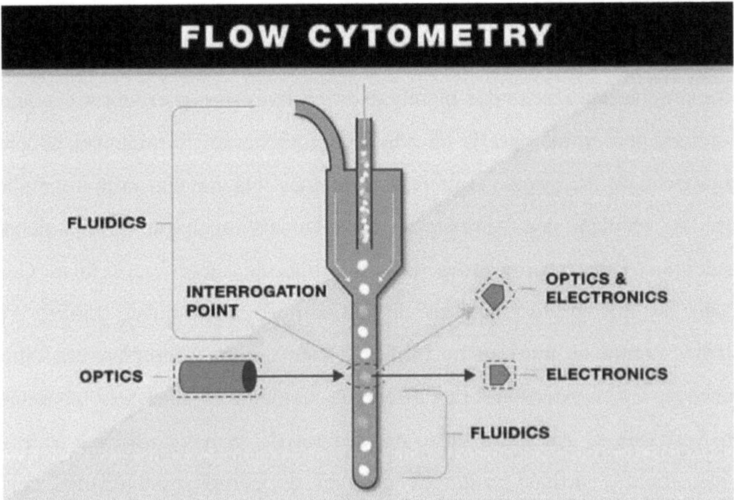

Figura 1. A quantidade de luz que se dispersa da célula num ângulo de 90° em
relação ao eixo da radiação laser depende das características da refração da luz
pela célula, do nível de granulação do citoplasma, da estrutura do núcleo e da
superfície da célula.

As luzes recuperadas são expostas a uma variedade de filtros de absorção e
interferência e a luz desejada é direccionada para o dispositivo de exploração. Os
detectores sensíveis convertem os fotões em impulsos eléctricos e em informação
comum. A leucemia pode ser identificada e classificada através da identificação
de antigénios da superfície celular com anticorpos específicos marcados com
material fluorocromo.

Imunofenotipagem e antigénios de superfície CD:
Antes de meados da década de 1970, existiam ferramentas limitadas para o
reconhecimento de moléculas de superfície celular. Ao mesmo tempo, foram
obtidas informações básicas sobre os eritrócitos em termos de estudo anatómico e

de composição da membrana celular. A microscopia eletrónica e a ligação por rádio foram utilizadas para modelar a membrana celular, que consistia em duas camadas de gordura revestidas de proteínas. A glicoforina foi uma das primeiras proteínas observadas na membrana dos glóbulos vermelhos. Os avanços na tecnologia de solubilização das membranas celulares por detergentes e a seleção de proteínas por cromatografia de adsorção forneceram ferramentas poderosas para a deteção de um grande número de proteínas relacionadas com a membrana celular. A técnica dos anticorpos monoclonais acelerou efetivamente o reconhecimento das propriedades das moléculas da superfície celular. Com a produção de um grande número de anticorpos de pesquisa, muitas vezes produzidos contra os mesmos antigénios e com nomes diferentes, era difícil a comunicação e a coordenação entre diferentes resultados e diferentes laboratórios. Assim, verificou-se que a utilização de palavras ou termos comuns é necessária para identificar e utilizar cada vez mais os anticorpos relacionados com as moléculas da superfície celular e os antigénios da superfície celular (DC).

Antigénios de superfície celular:
Foram organizados seminários internacionais para classificar os anticorpos específicos das células e ligá-los. Foi também utilizada a citometria de fluxo para detetar o padrão de diferentes tipos de células por diferentes anticorpos. Os anticorpos foram testados para se ligarem a diferentes antigénios. Os antigénios conhecidos foram utilizados por um grupo de anticorpos que foram frequentemente utilizados como um indicador da diferenciação celular. Por isso, foram denominados antigénios CD.

Figura 2. Esquema de anticorpos e ligação a diferentes antigénios.

Se um anticorpo detetar pela primeira vez um antigénio previamente desconhecido, este antigénio é denominado um novo membro da CD ou um antigénio emergente. Mais de 200 antigénios de superfície celular foram definidos por anticorpos que foram classificados, incluindo CD1 a CD166. Além disso, alguns antigénios que têm afinidade com o antigénio foram designados por um índice de letras e um número comum. Os exemplos são CD1a e CD1b. Durante a análise, uma amostra deve ser identificada por luz ou imunofenotipagem utilizando a citometria de fluxo da população celular estudada. No diagrama de análise da citometria de fluxo, as células são divididas em duas partes, incluindo a dispersão da luz frontal e a dispersão lateral, com base no tamanho e na composição interna.

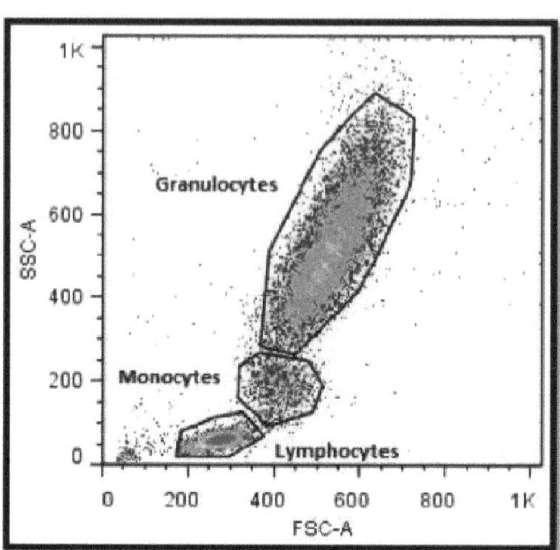

Figura 3. Localização das células sanguíneas e triagem da localização das células por citometria de fluxo com base na dispersão da luz frontal (FSC) e na dispersão da luz lateral (SSC).

Se a população de células de um tecido for uma combinação de populações de células normais e anormais, obtêm-se as mesmas características de dispersão da luz, o que faz com que as células anormais se sobreponham à população de células normais. Por conseguinte, é difícil identificar uma população anormal apenas através da dispersão da luz. Nestes casos, a população anómala pode ser identificada através de uma imunofenotipagem anómala. Este método pode incluir uma pesquisa dupla de marcadores que são específicos de estirpes normais. Uma vez identificada a população anómala, as características da linha celular, bem como a sua maturidade, podem ser reconhecidas.

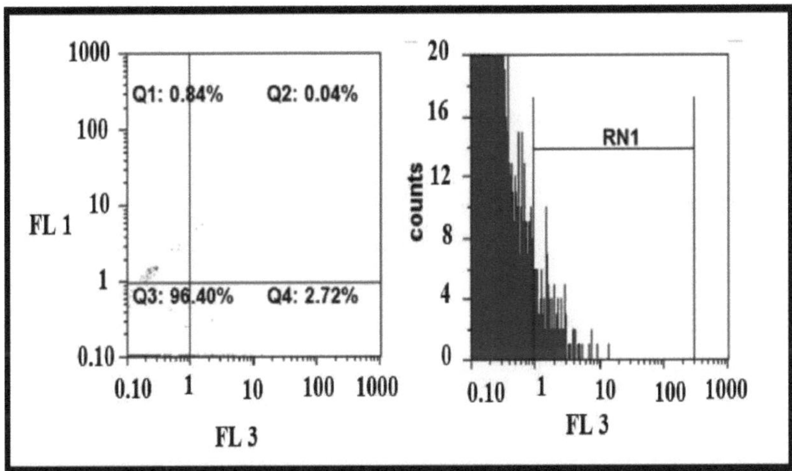

Figura 4. Um histograma paramétrico único desenhado utilizando a intensidade de fluorescência (eixo horizontal) e o número de células com uma intensidade de fluorescência especificada (eixo vertical) mostra a distribuição das células com base na sua intensidade de fluorescência e fraqueza. B: Determinação da taxa de apoptose, necrose e do número de células viáveis. Neste diagrama, Q1 mostra a taxa de apoptose primária, Q2 mostra a taxa de apoptose secundária, Q3 mostra o número de células viáveis e Q4 mostra a taxa de necrose.

Capítulo 2: Preparação das células

Preparação de células para citometria de fluxo:

Para efetuar qualquer tipo de citometria de fluxo, as células devem ser preparadas de modo a ficarem isoladas e suspensas num ambiente adequado. Existem diferentes métodos de preparação das células e o método selecionado depende do tipo de célula avaliado. Após a preparação da suspensão adequada, as células devem ser tingidas com material fluorescente ou revestidas com anticorpos conjugados com fluorocromos. O método de revestimento é afetado por muitos factores, incluindo a especificidade do anticorpo e a concentração de antigénio na superfície ou no interior da célula, a adequação da concentração de anticorpo utilizada e a aplicação de controlos positivos e negativos adequados na análise celular.

O citómetro de fluxo deve ser capaz de detetar com elevada sensibilidade a luz laser dispersa ou a fluorescência emitida por uma única célula entre os tipos de células e, para tal, as células devem estar uniformemente suspensas num meio fluido. O meio à volta das células é geralmente preparado de forma isotónica com um pH de 7,3 e uma concentração de células entre 105 e 106 células por mililitro e, nestas condições, as células passarão uma a uma em frente do eixo da luz laser. Normalmente, é necessário um pequeno volume da amostra (0,2 a 1 ml) para a análise, mas o "volume mínimo necessário da amostra" depende do número de células desejadas entre os tipos de células da amostra e, se a percentagem de células estudadas for baixa, em comparação com outras células existentes, é necessário remover primeiro algumas das células indesejadas. O diâmetro das células avaliadas deve situar-se entre 1 e 30 mícrones e o citómetro de fluxo convencional não é suficientemente sensível para avaliar partículas inferiores a 1 mícron. Além disso, a presença de partículas grandes de 30 mícrones bloqueia o fluxo de fluido no dispositivo.

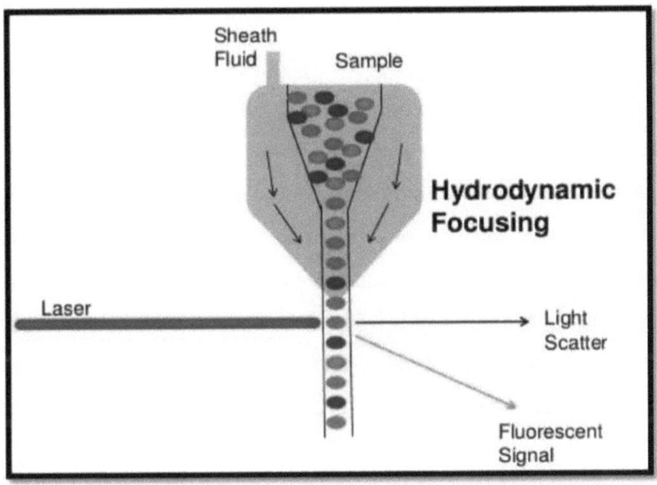

Figura 1. Criação de um fluxo linear de partículas celulares por força hidrodinâmica na citometria de fluxo.

O citómetro de fluxo convencional foi concebido para utilizar e analisar células sanguíneas, uma vez que as plaquetas sanguíneas têm cerca de 1 mícron de diâmetro e as células sanguíneas têm 6 a 12 mícrones de diâmetro. No entanto, as células de outras fontes tecidulares (como os tecidos linfóides e as células de cultura) também podem ser analisadas com o citómetro de fluxo convencional, desde que sejam separadas umas das outras e do seu substrato e se transformem numa suspensão de células únicas, e que qualquer massa celular seja removida antes da análise. O fator que torna o citómetro de fluxo uma técnica excelente em ensaios clínicos é que o caudal da amostra (5 a 50 m/s) permite a recolha de informações de 5000 a 50000 células por segundo e o volume necessário da amostra de sangue é normalmente de cerca de 100 µl ou menos. O primeiro passo é preparar uma amostra, recolhendo ou fazendo uma suspensão de células adequada. A amostra de sangue em estado normal contém células individuais que estão suspensas no plasma sanguíneo. As amostras obtidas a partir da medula óssea podem ser transformadas numa suspensão de células individuais através de pipetagem repetida. Nas amostras preparadas a partir de células linfóides, as aderências célula-célula ou célula-substrato devem ser quebradas para que as células sejam completamente libertadas.

O segundo passo é que as características e a função das células estudadas devem ser mantidas num estado normal e intacto até que a amostra seja analisada. Para alguns tipos de células (por exemplo, antigénios específicos da linha celular em linfócitos em repouso), este é um processo relativamente simples e a utilização de diferentes métodos dá geralmente resultados uniformes. No entanto, para algumas outras células, como os antigénios CD62p nas plaquetas e CD11b nos neutrófilos, que se alteram rapidamente, a manutenção das células é problemática e os diferentes métodos de preparação e manutenção das células podem dar origem a resultados diferentes.

Factores que influenciam a seleção do método de preparação das células:

É evidente que, quando se examinam algumas características celulares e as suas funções (como a medição da viabilidade celular através da excreção de corantes, a capacidade fagocítica e citotóxica e a resposta a agonistas in vitro), é necessário utilizar células viáveis, diluídas no ambiente fisiológico e testadas o mais rapidamente possível. No entanto, as células viáveis podem ser utilizadas para avaliar algumas outras propriedades celulares, como a expressão de antigénios específicos da linha celular ou de moléculas de adesão, desde que sejam mantidas num estado estável que não altere significativamente a estrutura e a vida da célula. Além disso, a utilização de células viáveis tem a vantagem de se ligarem menos aos anticorpos de forma não específica do que as células fixas ou mortas.

Solução salina tamponada com fosfato (PBS): As células são frequentemente mantidas em condições laboratoriais durante um curto período de tempo antes da análise. Neste caso, a solução salina tamponada com fosfato pode ser utilizada para preparar uma suspensão de células. No entanto, se as células tiverem de durar mais tempo antes da análise, é melhor mantê-las noutras soluções que tenham um tampão adequado, que sejam ionicamente isotónicas, contenham proteínas e estejam próximas do estado fisiológico em termos de solução salina.

Se as células (tais como macrófagos, neutrófilos e plaquetas) tiverem tendência para aderir umas às outras ou a superfícies de plástico, pode ser utilizado como suspensão um meio que não contenha iões divalentes, tais como Ca^{2+} e Mg^{2+}, e que contenha também 5 mmol de EDTA. No entanto, a falta de iões divalentes e a presença de EDTA são prejudiciais para a viabilidade das células. Quer sejam viáveis ou fixas, é preferível preparar as células pouco tempo antes da sua utilização e mantê-las a 4 °C para minimizar o crescimento e a proliferação de micróbios. Além disso, a preparação da suspensão de células e da solução de coloração deve ser efectuada em condições estéreis. Se se adicionar BSA ou FBS a meios simples, como PBS e HBSS, a solução deve ser examinada em termos de massas proteicas, especialmente se se considerar a análise de células mais pequenas, como as plaquetas. Estas massas proteicas causam um erro significativo e é preferível passar a solução proteica por filtros com um tamanho de 0,25 microns para retirar as partículas proteicas. A pré-preparação da amostra é crucial para a classificação. De facto, uma classificação bem sucedida depende quase inteiramente da qualidade da amostra utilizada. A preparação de suspensões de células individuais ou de partículas é um pré-requisito importante para a citometria de fluxo. Essa suspensão é fácil de preparar quando as células utilizadas estão naturalmente suspensas (como as células sanguíneas ou as células que crescem em suspensão num meio), mas quando a fonte de células são culturas adesivas, a preparação de uma suspensão de células individuais é difícil. No entanto, estão descritos vários métodos bem avaliados para a preparação de amostras para a triagem de fluxo.

Preparação da suspensão celular:
1- Retirar as células diretamente do frasco de cultura, verter para tubos cónicos de 50 ml e centrifugar a 400 g durante 5 minutos.
2- Eliminar o sobrenadante e ressuspender a deposição de células utilizando um meio (meio de cultura de células ou PBS contendo 1% de albumina de soro bovino BSA).

Preparação da suspensão celular:

3- Centrifugar novamente no g400 e deitar fora o sobrenadante. Contar as células e preparar uma suspensão com a concentração adequada. A concentração adequada varia consoante o tipo de classificador utilizado, mas pode ser da ordem de 1×10^7 a 1×10^6 células por mililitro.

O meio de suspensão final depende do tipo de células a classificar. Em geral, são recomendadas concentrações baixas de proteínas, uma vez que estas reduzem a formação de massas celulares. A aplicação de 5 mmol de EDTA também ajudará a evitar a formação de massas celulares.

Preparação de células adesivas:

1- Remover as células utilizando tripsina (0,25% em peso) ou Versin (0,2% em peso). Transferir as células para tubos cónicos de 50 ml e centrifugar a 400 g durante 5 minutos.

2- Eliminar o sobrenadante e ressuspender as células utilizando um meio (meio de cultura celular ou PBS com 1% de BSA).

3- Centrifugar novamente a 400 g e deitar fora o sobrenadante. Suspender novamente as células num pequeno volume de meio e aspirar várias vezes para cima e para baixo com uma pipeta para abrir as massas celulares. Contar as células e preparar uma suspensão com uma concentração adequada. As células adesivas são geralmente maiores, pelo que se recomendam concentrações mais baixas. É sempre preferível manter a concentração elevada até ao momento da triagem e diluir as células até à concentração adequada imediatamente antes do início da triagem.

Preparação de culturas de tecidos:

1- Colocar o tecido numa placa de Petri esterilizada e esmagar o tecido utilizando a ponta de uma seringa e um bisturi ou um sistema automatizado como o MediMachine. A digestão enzimática (como a colagenase 220 u / ml) também pode contribuir para a formação de células individuais.

2- Transferir as células para um tubo cónico de 50 ml e centrifugar a 400 g durante 5 minutos.

3- Eliminar o sobrenadante e suspender o precipitado utilizando um meio (meio de cultura celular ou PBS com 1% de BSA).

4- Centrifugar novamente a 400 g e deitar fora o sobrenadante. Suspender as células num pequeno volume do meio e contar as células de acordo com a recomendação anterior. Antes da triagem, todas as amostras preparadas devem ser passadas por uma placa de nylon esterilizada. O tamanho adequado dos poros do filtro é de 20 a 70 μm para a maioria dos tipos de células.

Preparação de amostras de sangue e de medula óssea:

As amostras de sangue periférico são normalmente colhidas por via intravenosa e devem ser imediatamente misturadas com um anticoagulante adequado para evitar a coagulação (utiliza-se principalmente heparina ou citrato de sódio ou K3EDTA). Para algumas avaliações, a escolha do tipo de anticoagulante pode não ser importante, mas para obter resultados fiáveis, deve prestar-se atenção à seleção do tipo de anticoagulante, porque a sua ação não se limita à atividade anticoagulante. O K3EDTA, que é habitualmente utilizado para a contagem de células sanguíneas, é adequado para a imunofenotipagem de leucócitos.

Este anticoagulante impede a agregação plaquetária, mas o citrato ou a heparina são preferidos para preservar a morfologia dos glóbulos brancos e as suas propriedades de refração. Além disso, uma vez que o EDTA é um forte quelante de iões divalentes, pode diminuir a antigenicidade de alguns epítopos dependentes de Ca^{2+} (como o CD11b). Além disso, pode ter um efeito negativo nas funções celulares dependentes de Ca^{2+}.

A heparina (carece de conservante) numa concentração de 10 a 50 unidades por mililitro de sangue é ideal para monitorizar a função dos glóbulos brancos, especialmente quando as concentrações de iões de cálcio e magnésio têm de ser mantidas dentro dos limites fisiológicos. No entanto, a própria heparina pode ligar-se às plaquetas e activá-las, fazendo com que se acumulem de forma anormal. Para avaliar a ativação de plaquetas e neutrófilos de uma forma ex vivo, a utilização de EDTA-CTAD t impede significativamente a ativação indesejada e espontânea destas células. Nas experiências em que é importante evitar a ativação espontânea e a aderência das plaquetas e das células mielóides às superfícies, a recolha e a transferência de amostras devem ser efectuadas em tubos e seringas de polipropileno em vez de poliestireno. As amostras de medula óssea são aspiradas para um meio que contém heparina e contêm uma mistura de células, tais como células hematopoiéticas, adipócitos, células endoteliais e fibroblastos, juntamente com células do sangue periférico.

Processo de análise com sangue viável:

Durante a análise do sangue total, os leucócitos distinguem-se facilmente dos eritrócitos adultos e das plaquetas por duas razões: em primeiro lugar, o núcleo dos leucócitos é constantemente tingido com corantes de ADN, como o LDS-751 e o DRAQ5, e, em segundo lugar, a membrana plasmática dos leucócitos é tingida com anticorpo anti-CD45 conjugado com fluorocromo. Além disso, os eritrócitos nucleados que se encontram em amostras de medula óssea ou de sangue neonatal e cujas propriedades de refração ótica são semelhantes às dos leucócitos são distinguíveis dos leucócitos devido à utilização da coloração do ADN e da coloração da membrana CD45 e anti-glicophorina. Uma vez que os seus núcleos são bem corados com o corante de ADN, mas as suas membranas contêm glicoforina e não possuem CD45, é necessária uma quantidade muito pequena de amostra e de anticorpo para este efeito, e o processo de coloração é relativamente rápido, mas a presença de eritrócitos reduz muito a taxa de análise.

Preparação de células do sangue periférico:

Materiais necessários:

A. PBS e BSA / PBS3%

B. 3% de soro (o soro celular deve estar presente numa amostra)

C. Paraformaldeído 1%

D. azul de tripano (para contagem de células) e anticorpos

E. Ficol

Fases do processo de trabalho:

1-   Adicionar suavemente o anticoagulante a 7 ml de sangue.

2 - Deitar 3 ml de ficol num tubo e adicionar suavemente sangue, de modo a que este fique sobre o ficol. Tentar não misturar o sangue com o ficol.

3- Centrifugar o tubo (a 400 g durante 30 minutos)

4- Remover cuidadosamente a camada branca do ficol com uma pipeta de Pasteur.

5- Adicionar PBS-EDTA e misturar bem; em seguida, eliminar cuidadosamente o sobrenadante após a centrifugação. Repetir este procedimento duas vezes.

6- Adicionar 3% de soro às células e misturar. Em seguida, colocar à temperatura ambiente durante 30 minutos.

7- centrifugar a 1000 rpm, durante 6 minutos, eliminar o sobrenadante e adicionar 3% de BSA / PBS, e pipetar.

8- Verter 400 µl em cada tubo (10 -10^{56} células) e adicionar a concentração adequada de anticorpo no escuro para misturar (considerar o controlo adequado para cada anticorpo).

9- Colocar a amostra no frigorífico durante uma hora. Em seguida, adicionar-lhe 600 µl de paraformaldeído a 1% frio e guardar no frigorífico e ao abrigo da luz até à análise.

Coloração de sangue lisado:

1- Misturar 100 µl de amostra de sangue anticoagulante com 20 µl (ou o volume recomendado pelo fabricante) de anticorpo específico conjugado com fluorocromo ou de anticorpo isotipo de controlo e manter a 4 ° C durante 4 minutos.

2- Lise dos eritrócitos e fixação dos leucócitos corados com uma das soluções comerciais enumeradas no quadro 4.

3- Medir as células com citometria de fluxo e apresentar o diagrama da dispersão lateral da luz no eixo horizontal e da dispersão direta da luz no eixo vertical com uma escala linear.

4- Ajustar a gama de portas em torno dos leucócitos pretendidos e visualizar o diagrama de histograma do número de células (eixo horizontal com escala linear) e da intensidade de fluorescência (eixo vertical com escala logarítmica).

Preparação de uma suspensão de pequenos linfócitos a partir de tecidos linfáticos como os gânglios linfáticos, o baço e o timo:

1-   Mergulhar o tecido em 10 ml de meio RPMI-1640 frio (4 graus) e pressionar entre as duas extremidades da lâmina de microscópio ou utilizando a extremidade de borracha do pistão da seringa para libertar as células

2 -Passar as células através de uma placa de nylon para recolher as massas celulares.

3- Lavar as células por centrifugação a 400 g durante 5 minutos e rejeitar o sobrenadante.

4- Suspender as células num determinado volume de meio de cultura. Se as células tiverem sido retiradas de uma amostra de baço, deve ser efectuada a lise dos eritrócitos. Determinar a concentração de células utilizando uma hemocitometria.

5- Lavar as células com uma centrifugadora, rejeitar o sobrenadante e ajustar a concentração de células a 10 milhões de células por mililitro utilizando meio de cultura.

Preparação da suspensão de células a partir de células ligadas ao substrato:

1- Esvaziar o meio de cultura e lavar as células em monocamada com tampão PBS isento de $Ca2+$ e $Mg2+$.

2- Adicionar às células um pequeno volume de PBS contendo 0,1% de tripsina e 0,2% de EDTA e suspender as células com base no procedimento utilizado na passagem das células.

3- Lavar as células por centrifugação a 400 g durante 5 a 10 minutos, utilizando 15 ml de RPMI contendo 10% de FBS para parar a protease.

4 -Misturar o precipitado celular em 1 ml de meio.

Fixação e permeabilização de células para análise:

Para a coloração quantitativa do ADN celular com corantes que se ligam ao ADN, é necessário permeabilizar primeiro as células. Para o efeito, utilizar detergentes como o Triton X-100 a 0,1% ou fixadores. A vantagem da utilização de fixadores é que as células fixadas podem ser armazenadas a 4 ° C durante muitos dias ou semanas antes da análise.

Na citometria de fluxo, são utilizados dois tipos principais de fixadores:

A) Álcoois e acetona

B) Formaldeído

Infelizmente, o glutaraldeído, que é um dialdeído, tem sido utilizado com sucesso na microscopia eletrónica. Não é adequado para a citometria de fluxo porque a radiação fornece um elevado nível de fluorescência.

Álcoois e acetona:

Os álcoois e a acetona precipitam as proteínas, mas não têm qualquer efeito sobre os ácidos nucleicos e os hidratos de carbono (que saem da célula) e dissolvem simultaneamente os lípidos das membranas, tornando a célula e os seus componentes permeáveis. Além disso, preservam, em certa medida, a estrutura celular. A combinação de proteínas intracelulares aumenta a propriedade de dispersão da luz, o que contribui para diferenciar os tipos de células. O metanol funciona geralmente melhor do que o etanol e é bem utilizado para células sanguíneas, medula óssea e células derivadas de tecidos. Uma das desvantagens deste tipo de fixadores é o facto de fazer com que as células adiram à superfície dos tubos de plástico de poliestireno (e não de polipropileno). Além disso, alguns plásticos podem dissolver-se nestes solventes.

Formaldeído

O formaldeído (CH_2O) é um gás solúvel em água à temperatura ambiente que tende a formar rapidamente compostos covalentes com macromoléculas biológicas. Os grupos amino livres nos aminoácidos das proteínas e as bases dos ácidos nucleicos são provavelmente os pontos mais importantes para o efeito do formaldeído. O formaldeído é também um bom fixador de lípidos e não tem qualquer efeito sobre os hidratos de carbono. No entanto, uma vez que reage com proteínas e ácidos nucleicos, tem normalmente um efeito negativo na antigenicidade, perturba a coloração do ADN e aumenta espontaneamente a fluorescência celular. Pode ser preparado dissolvendo o paraformaldeído em água ou em soluções aquosas a 60 ° C durante várias horas. O paraformaldeído é uma forma polimerizada de formaldeído e é sólido à temperatura ambiente. Nas soluções aquosas, o formaldeído polimeriza-se gradualmente, pelo que deve ser preparado de fresco e diariamente ou armazenado à temperatura ambiente e consumido em poucos dias. Para serem fixadas com formaldeído, as células devem ser lavadas para ficarem isentas de proteínas e a fixação deve ser feita a 37 °C (ou à temperatura ambiente) e não a 4 °C. Se o objetivo da fixação for inibir as alterações metabólicas e dependentes da energia, as células com uma concentração de cerca de 1% de formaldeído são adjacentes durante 10 minutos e imediatamente lavadas com solução de PBS ou soluções salinas equilibradas utilizando uma centrifugadora. A fixação ligeira com baixas concentrações de formaldeído, por exemplo, 0,2% durante 4 minutos a 37 ° C, torna a membrana celular permeável a moléculas mais pequenas, mas não provoca a penetração de anticorpos. A fixação com concentrações mais elevadas de formaldeído provoca a permeabilidade das células, embora também provoque a formação de bolhas na membrana plasmática. Quando as células fixadas com formaldeído são expostas a uma coloração de segurança, o formaldeído livre deve ser removido do meio através da coloração e os agentes aldeídicos livres devem ser neutralizados (por exemplo, utilizando glicina), caso contrário, haverá um elevado grau de ligação não específica. Depois de serem coradas com anticorpos ligados ao fluorocromo, as células devem ser removidas das proteínas circundantes e colocadas em formaldeído diluído a 1% em PBS para armazenamento até à realização da experiência. As ligações cruzadas criadas entre as macromoléculas impedirão a separação dos anticorpos e, consequentemente, a separação da fluorescência a eles ligada.

Interação entre células endoteliais e leucócitos:

As moléculas adesivas são expressas em grandes quantidades pelas células epiteliais e endoteliais. Foram desenvolvidas experiências para quantificar as interacções de adesão entre leucócitos e células endoteliais activadas e células epiteliais. O método seguinte é utilizado para identificar vários microambientes de linfócitos aderidos a células parenquimatosas em cultura e tratados com as citocinas pró-inflamatórias desenvolvidas.

Medição da interação entre leucócitos e células endoteliais:

1-Cultivar células epiteliais ou endoteliais lavadas em placas de 24 poços e adicionar 500 µl de meio RPMI-1640 sem fenol a cada poço.

2 Em seguida, adicionar ao poço 5×10^5 linfócitos do sangue periférico ou células T activadas por mitogénio em 500 µl de meio.

3- Incubar as placas durante 1 hora a 37 ° C num espaço húmido com 5% de CO2.

4- As células não aderentes são ressuspensas durante 3 minutos, com oscilações mecânicas da placa a um ritmo de 150 oscilações por minuto, e os poços são cuidadosamente lavados três vezes com PBS contendo 5% de soro.

5- As células adesivas que aderem ao substrato de plástico são completamente removidas do substrato utilizando tripsina-EDTA.

A suspensão de células resultante é lavada e marcada com uma concentração adequada de CD45 conjugado com FITC.

7- As células são analisadas no histograma de dois parâmetros do logaritmo da fluorescência verde e do logaritmo da SSC e os resultados são expressos como a razão entre o número de linfócitos CD45 positivos e o número de CD45 negativos.

Deteção de antigénios de superfície e intracelulares de leucócitos após fixação e permeabilização:

1- Misturar a suspensão de células contendo $^\circ \times 1^{.5}$ leucócitos por 100 µl, diluída em HHBSS tamponado com 10 mmol / l HEPES com pH = 7,3, 5% de FBS e 0,1% de azida de sódio com 20 µl de anticorpo de controlo do isótipo ou anticorpo específico dos antigénios da superfície celular marcados com fluorocromo e manter a 4 ° C durante 10 minutos.

2- Lavar as células utilizando uma centrifugadora de 400 g durante 5 minutos e 4 ml de HHBSS-FBS. Misturar o precipitado em 200 µl de HHBSS contendo aldeído e manter à temperatura ambiente durante 20 minutos.

3- Lavar as células em 4 ml de HHBSS-FBS.

4- Misturar o precipitado em 100 µl de HHBSS-FBS e 0,1% de saponina. Adicionar o volume adequado de anticorpo de controlo do isótipo ou de anticorpo específico para antigénios intracelulares e manter a 4 ° C durante 30 a 60 minutos

5- Lavar as células utilizando HHBSS-FBS e 0,1% de saponina por centrifugação a 400 g durante 5 minutos, mas dar tempo suficiente para o segundo anticorpo, de modo a que os anticorpos não ligados possam sair da célula.

6- Misturar o precipitado em HHBSS-FBS e efetuar a leitura por citometria de fluxo.

Avaliação da letalidade de células mononucleares do sangue periférico expostas a células cancerígenas por citometria de fluxo:

1- Diluir suavemente o sangue diluído pela pipeta no ficol de modo a que o seu volume seja o dobro do volume do sangue não diluído.

2- Centrifugar o sangue diluído e o ficol a uma temperatura de 800 × g durante 15 minutos a 22 ° C.

3- Recolher cuidadosamente as células mononucleares do sangue periférico recolhidas entre o ficol e o sangue diluído com uma pipeta Pasteur e, em seguida, misturar as PBMC obtidas com o meio de cultura RPMI para remover o ficol associado e centrifugar à velocidade de 450 g durante 10 minutos.

4- Misturar novamente as células resultantes com meio RPMI e centrifugar a 200 × g durante 10 minutos para remover as plaquetas com PBMC.

5- cultivamos 10^6 células de PBMCs separadamente em condições óptimas de crescimento em placas de cultura de 24 poços em meio RPMI 1640 contendo 15% de FBS.

6-   Em seguida, cultivamos células PBMC simultaneamente com 10^4 células cancerígenas durante 5 horas.

7 -Separamos a suspensão de células, lavamos com PBS e centrifugamos a 650

× g durante 5 minutos.

8- Dissolver as células lavadas em 1 ml de tampão de aglutinação, retirar 10 µl

do mesmo e adicionar

8 µl de Anexina PI na solução. Manter as células no escuro durante 15 minutos.

9- No último passo, adicionamos-lhe 400 µl de solução tampão de beringela e

medimo-la com uma citometria de fluxo.

Capítulo 3: Trabalhar com citometria de fluxo

Otimização do classificador de fluxo:

É óbvio que um aparelho mais limpo funciona melhor. O primeiro ponto importante é garantir que todas as vias da secção de fluido estão limpas e que são substituídas periódica e regularmente. Se a triagem tiver de ser efectuada em condições assépticas (por exemplo, a triagem de células que são cultivadas após a purificação ou utilizadas como enxerto), será necessário um método de esterilização. Em geral, a limpeza é feita através da passagem de etanol a 70% de todas as vias de secção do fluido durante 30 a 60 minutos, antes de enxaguar com água Passagem de etanol a 70% com água destilada (30 minutos) e, na última fase, é realizado o fluxo de fluido da bainha estéril (pelo menos 30 minutos antes do início da triagem). Os fluidos passam sempre por um filtro de 0,22 μm imediatamente após saírem do reservatório da bainha (o reservatório da bainha é a fonte de abastecimento do fluido da bainha). É de notar que o ar comprimido utilizado para gerar a pressão necessária para efetuar a triagem também tem de passar pelo filtro em linha e todos os filtros têm de ser substituídos periodicamente. Todos os pontos em que as células têm potencialmente contacto com a atmosfera (por exemplo, o percurso da amostra e a câmara de triagem) devem também ser esterilizados com etanol antes da triagem. Para verificar a esterilidade de um separador de fluxo, é útil efetuar amostragens periódicas de pontos-chave (tanque da bainha, bocal e percurso da amostra) do dispositivo e transferi-las para um meio de cultura adequado, devendo as culturas permanecer estéreis durante pelo menos 7 dias. O ponto seguinte é o tamanho do bocal. O tamanho da abertura do bocal é selecionado de acordo com o tipo de célula a testar. Regra geral, para efetuar a triagem sem obstrução e a continuidade dos fluxos laterais, o diâmetro da célula não deve ser superior a um quinto do diâmetro do bocal. Na prática, isto significa que as células pequenas e redondas, como os linfócitos ou os timócitos, necessitam de um bocal de 70 μm, enquanto muitas linhas de células adesivas e células primárias, como os queratinócitos, necessitam de um bocal de 100 μl. Outras células maiores, como os queratinócitos, requerem bicos maiores, normalmente com cerca de 150 a 200 μm. Isto significa que o bocal maior consumirá mais fluido e necessitará de mais tempo para converter o fluido que sai do bocal em gotas, porque quanto maior for a abertura do bocal, menor será a pressão.

Ao contrário dos citómetros analíticos de secretária, o sistema de vapor no ar requer uma revisão diária do conjunto de fontes de laser. É importante que o laser ou lasers colidam o feixe em paralelo e que os feixes sejam focados com precisão. O conjunto de lasers pode ser examinado utilizando microgrãos de látex fluorescentes. Estes microgrãos são excitados por um comprimento de onda de luz específico e têm um amplo espetro de emissão. É também importante monitorizar a sensibilidade do classificador utilizando grãos de vários picos com diferentes intensidades de fluorescência. O número de fontes laser utilizadas e os fluoromas de crómio que devem ser detectados também variam e devem ser determinados antes da preparação do classificador de fluxo. Quando o conjunto de fontes laser é ajustado com o classificador experimental, a frequência e a intensidade das gotas devem ser ajustadas de modo a obter um número mínimo de gotas geradas com uma rutura estável e fluxos laterais contínuos. Embora cada tamanho de bocal necessite de uma frequência de ressonância específica que pode ser estimada, existem entre bocais do mesmo tamanho em termos de frequência que mesmo esta variabilidade pode ser observada de dia para dia, dependendo das condições.

Será criado um ponto estável para separar a gota do fluxo contínuo de fluido a várias frequências harmónicas, mas através da prática e da experiência, será capaz de encontrar e selecionar a mais estável. É possível alterar a intensidade (amplitude) das ondas produzidas pelo transdutor durante a triagem para manter a estabilidade da quebra e para manter a formação em fase das gotas e a transdução da carga. Muitos classificadores modernos dispõem de sistemas automatizados que detectam a deslocação do ponto de formação de gotas e alteram a intensidade em conformidade e, se a alteração da quebra de gotas for superior aos parâmetros definidos pelo utilizador, o processo de classificação é automaticamente interrompido e o operador é avisado. Nos casos em que existe a possibilidade de entupimento do dispositivo ou o ponto de quebra é instável, vale a pena verificar o fator de atraso da gota.

Definir o processo de seleção:

As configurações necessárias para a triagem dependem inteiramente do tipo de células ou partículas necessárias. Como já foi referido, a triagem é possível com base na expressão de um antigénio, na presença de uma proteína fluorescente, no conteúdo de ácido nucleico ou na propriedade funcional. Em todos os casos, é sempre útil efetuar um teste preliminar de citometria analítica. Além disso, na maioria dos casos, é necessário adicionar um corante que possa ajudar especificamente a identificar as células mortas, para as retirar da triagem. Embora estas células mortas não constituam um problema quando as células vão ser cultivadas, se o objetivo da triagem for obter um determinado número de células viáveis para estudos funcionais, ou se as células forem analisadas em termos de expressão proteica ou conteúdo de ARNm, será crucial. Exemplos de corantes para avaliar a viabilidade celular incluem iodeto de propídio (5 µg / ml), 7-aminoactinomicina D (2 µg / ml), TO-PRO-3 (200 nmol) e DAPI (200 ng / ml). A seleção da cor certa para identificar células mortas depende inteiramente da combinação de fluorocromos utilizados para identificar as populações celulares desejadas. Embora o método de focagem hidrodinâmica ajude a colocar as partículas no centro do feixe de fluido e a mantê-las de algum modo separadas, haverá sempre um certo número de gotas contendo duas partículas. Esta coincidência terá um efeito negativo na pureza das células seleccionadas.

Por exemplo, se uma célula positiva desejada for medida simultaneamente com uma célula negativa indesejada, ambas serão classificadas em conjunto porque, para a parte eletrónica do classificador, esta queda de duas células é considerada uma partícula positiva, pelo que a pureza da classificação diminui progressivamente. Por conseguinte, num classificador de fluxo, seria útil utilizar um método para eliminar estas coincidências para aumentar a pureza. Muitos separadores de fluxo dão ao utilizador a possibilidade de medir a largura do impulso, o tempo de passagem ou a duração do transiente. O tempo de passagem é o tempo que uma partícula leva para passar em frente a um feixe de laser. As coincidências e as pinças são normalmente alongadas devido à sua grosseria e à passagem sob pressão através das secções de fluido do dispositivo, e a sua presença pode ser identificada e eliminada com base na sua largura de impulso. As populações a classificar são primeiro identificadas com base nas suas propriedades de fluorescência. As células mortas são eliminadas com base na sua fluorescência de corante vital e as coincidências são eliminadas tanto quanto possível de acordo com a sua largura de impulso e, finalmente, os fragmentos de células e partículas que não são efetivamente células completas serão eliminados com base nos sinais FSC e SSC. Com base numa regra experimental, os gráficos de dispersão devem ser utilizados para definir os parâmetros de seleção.

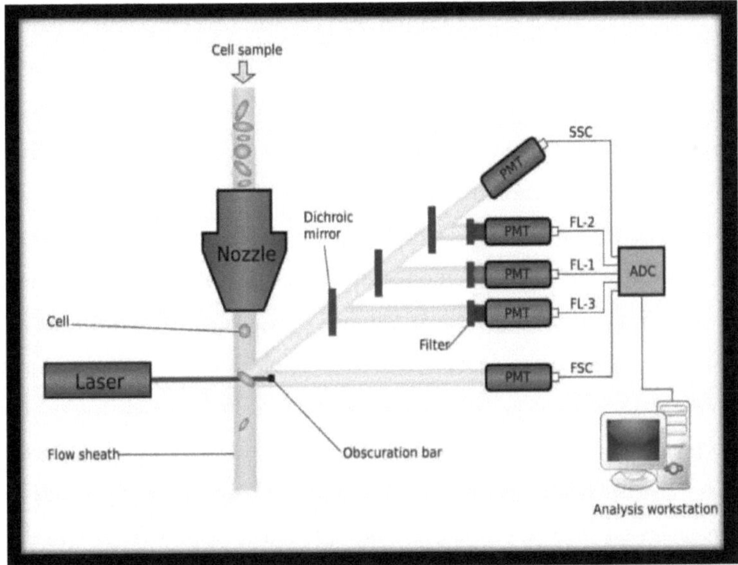

Figura 1. Utilização de diferentes detectores para classificar diferentes linhas celulares por citometria de fluxo.

Após a identificação da população a selecionar, deve ser tomada uma decisão sobre o tipo de seleção a utilizar. Na prática, existe um equilíbrio entre pureza, recuperação e eficiência de seleção. Na maioria dos casos de triagem, apenas os estados de uma gota de uma célula estarão envolvidos no processo de triagem, o que criará a pureza mais elevada, uma vez que as gotas que contêm as células indesejadas são excluídas da triagem, sendo este o objetivo habitual do teste de triagem. No entanto, se a célula estiver localizada numa das extremidades do diâmetro, é provável que, quando chegar ao ponto de rutura, não esteja dentro da gota à qual foi aplicada a carga, o que conduzirá a uma recuperação reduzida das células. O aumento do número de gotas no processo de triagem pode aumentar a recuperação, mas pode reduzir a eficiência devido a um aumento das coincidências.

Como já foi referido, a maioria dos métodos modernos de triagem de células permite alterar o estado de triagem de acordo com as preferências do utilizador. O estado por defeito é obter a máxima pureza possível, mas por vezes é desejável obter uma população de células valiosa e escassa. Nestes casos, podemos evitar a eliminação das coincidências. Neste caso, todas as células desejadas são seleccionadas. A experiência de trabalho ajudará o operador do dispositivo de triagem a estabelecer o equilíbrio necessário entre a eficiência da triagem e os objectivos do teste. A determinação do limiar eletrónico no classificador de fluxo é mais importante do que nos citómetros de fluxo analíticos. A maioria dos citómetros utiliza um limiar eletrónico. O limiar eletrónico é a quantidade ou limite de eletrónica que o sinal gerado a partir de cada célula deve ultrapassar para entrar no processo de análise. As células a partir das quais o sinal é gerado são tão fracas que não podem exceder este limite e, de facto, a parte eletrónica do dispositivo ignora-as e elas não entram na análise. No entanto, uma vez que estas células ainda estão presentes no fluxo do fluido, embora ignoradas, podem entrar no tubo de seleção. Isto pode ser problemático, especialmente se as células forem utilizadas para amplificar o ARN por PCR. Por conseguinte, recomenda-se que o limiar eletrónico seja definido no nível mínimo possível antes de iniciar a triagem.

O número de partículas que podem ser incluídas na triagem e o número de partículas que podem ser recuperadas durante um período de tempo fixo são dois pontos práticos importantes. Quando as células necessárias são elevadas e a sua percentagem inicial é baixa, o tempo necessário para a sua triagem é claramente elevado e, nesses casos, o enriquecimento inicial (por exemplo, a utilização de esferas magnéticas) deve ser utilizado antes da triagem ou iniciar a triagem com o modo de enriquecimento e, em seguida, utilizar a triagem com o modo de pureza mais elevada. Se possível, recomenda-se que algumas das células seleccionadas sejam reanalisadas no final da seleção para medir a pureza e a recuperação da seleção e para determinar a eficácia da seleção em termos de eficiência celular. A triagem é purificada através da análise das células recolhidas num tubo e, para a calcular, são determinadas as células que são totalmente compatíveis com o critério de triagem relativamente ao total de células analisadas. Ao utilizar o mesmo dispositivo de seleção para verificar a pureza das células seleccionadas, é muito importante certificar-se primeiro de que o percurso de passagem da amostra está livre de células para evitar a mistura de amostras. Normalmente, espera-se uma pureza superior a 98%. Além disso, se apenas as células viáveis forem seleccionadas nesta fase, a viabilidade das células deve ser determinada para garantir que a sua taxa é semelhante à das células não seleccionadas. É de notar que um classificador de células classifica sempre o que o utilizador pede, mas o problema começa quando há um critério de classificação em células que não são desejadas pelo investigador (por exemplo, coincidências, células mortas e fragmentos de células).

A taxa de recuperação da triagem é definida como a percentagem de células apresentadas pelos contadores do classificador que são introduzidas no tubo de triagem. Esta percentagem deve normalmente ser superior a 80%. A melhor forma de contar as células é retirar um determinado volume diretamente do tubo de triagem, e o tubo nunca deve ser centrifugado. Se possível, é preferível utilizar um contador de células do que uma hemocitometria para contar o número de células. A recuperação nunca será de 100%, porque nem todas as partículas entram no tubo coletor. O facto de algumas células não chegarem ao tubo coletor pode dever-se à força de repulsão entre células com a mesma carga, uma vez que todas as células ordenadas num tubo coletor têm o mesmo tipo de carga. Além disso, algumas partículas podem não entrar de todo no tubo, quando ocorrem perturbações no fluxo lateral durante a triagem. Se a triagem da população for efectuada com uma percentagem baixa, a triagem pode ser dirigida para tubos totalmente cheios com meio para minimizar a perda de células. Os tubos de recolha de células podem também ser revestidos com soro de vitelo para impedir a perda de células e melhorar a sua viabilidade. A eficiência de uma triagem é obtida dividindo o número desejado de células obtidas pelo número das mesmas células na amostra original. Por exemplo, a amostra a ser selecionada tem 1×1·7 células e a população-alvo constitui 10% da mesma. Teoricamente, o produto máximo de células pode ser $1 \times 10_6$.

Para calcular a eficiência, as células desejadas obtidas são divididas pelo número máximo de células que teoricamente deveriam ser obtidas e expressas em percentagem. No final de uma triagem, todas as vias da secção de fluido e as partes do dispositivo que estiveram em contacto com a amostra devem ser desinfectadas. Mais uma vez, todas as partes que estiveram em contacto com a atmosfera do dispositivo devem ser desinfectadas com uma solução diluída de lixívia (10%) e detergente. Estas soluções devem também ser passadas através das trajectórias das amostras durante um período de tempo suficiente e, finalmente, terminadas com a passagem de água destilada estéril. Se a triagem for efectuada sequencialmente, deve ser dado tempo suficiente entre os intervalos de triagem para desinfetar o dispositivo.

Penetração e deteção de conteúdos intracelulares:

Por vezes, é necessário detetar ou medir compostos intracelulares, tais como sequências de ADN, enzimas, glicoproteínas intracelulares que devem ser segregadas à superfície da célula (como as citocinas), factores de transcrição ou de regulação, como as ciclinas e o P53, e componentes estruturais, como os filamentos de actina. Para que os componentes internos da célula possam ser detectados por imunomarcação, a membrana plasmática (e possivelmente a membrana das estruturas internas da célula) (antes ou durante a coloração) deve ser permeável à passagem dos anticorpos marcados. Além disso, o antigénio deve permanecer no interior da célula e a antigenicidade e as propriedades de refração ótica da célula devem permanecer constantes. As células são normalmente fixadas com formaldeído, que pode estabilizar a membrana e aumentar a sua permeabilidade, mas devem ser utilizados outros reagentes para uma maior permeabilidade.

O excesso de formaldeído deve ser removido do meio celular. Por exemplo, adiciona-se glicina, BSA ou leite em pó magro à solução para minimizar a sua ligação não específica aos antigénios intracelulares. E se as células forem coradas para ácido nucleico, podem também ser utilizados fixadores coagulantes como o metanol.

Os agentes permeáveis mais comuns são as saponinas e os detergentes não iónicos. As saponinas têm grandes áreas hidrofóbicas que entram nas áreas de colesterol das membranas celulares e formam um complexo com cerca de 12 a 15 nm de diâmetro, permitindo que as macromoléculas entrem no citoplasma através dele. A membrana plasmática permanece intacta, mas como o orifício feito na membrana é reversível e as células permeadas com saponina são permeáveis aos anticorpos apenas na presença de saponina, a saponina também deve ser incluída na solução de anticorpos ao marcar a célula. A saponina não consegue tornar permeáveis as membranas sem colesterol (como a membrana interna do núcleo e as membranas das mitocôndrias). Os detergentes não-iónicos são fracos dadores de proteínas e ligam-se às membranas celulares e a outras membranas celulares internas, dissolvendo tanto os lípidos como as proteínas intramembranares. Em concentrações baixas, tornam a célula permeável, mas em concentrações mais elevadas, provocam a lise da célula e o extravasamento do conteúdo do citoplasma.

Infelizmente, não existe um método único que possa ser eficaz para tornar permeáveis todos os tipos de células e, frequentemente, observa-se uma elevada coloração não específica no interior da célula.

O melhor método a utilizar para um antigénio específico consiste em determinar a concentração adequada do fixador no detergente, a duração da coloração e a temperatura a ajustar através de testes comparativos.

Identificação de células sanguíneas humanas por citometria de fluxo:

As células são normalmente identificadas com base na expressão dos seus antigénios de superfície. Por exemplo, as células T contêm moléculas CD3 na sua superfície, e dois grupos distintos destas células podem ser identificados utilizando as moléculas CD4 e CD8. A maior parte dos subgrupos de células no sangue humano expressam os seus próprios antigénios específicos que podem ser utilizados para os identificar. Por exemplo, o CD19 só se encontra nas células B e o CD56 só se encontra nas células assassinas normais. No entanto, a identificação de monócitos e células dendríticas com origem mieloide não é facilmente possível. A melhor caraterística que pode ser utilizada atualmente para identificar todos os monócitos no sangue periférico é a coloração inespecífica com esterase. Na prática, o antigénio CD14 é utilizado como marcador de superfície para os monócitos, mas a sua expressão é muito baixa em alguns monócitos. A maioria dos monócitos em que a expressão de CD14 é baixa expressam normalmente a região 3 da FC gama ao nível do recetor. Na investigação de monócitos CD16$^+$, deve ser utilizado o anticorpo anti-CD56 para os diferenciar das células NK, porque as células NK também expressam CD16 na sua superfície. As células granulocíticas também são positivas para CD16, mas são facilmente diferenciadas dos monócitos no diagrama de pontos utilizando as propriedades de dispersão ótica. Uma vez que todos os monócitos humanos contêm CD4 à sua superfície, a molécula CD4 pode ser utilizada em alternativa para identificar monócitos.

Os monócitos no diagrama de pontos são facilmente distinguíveis das células T

CD^{4+} , e a molécula CD3 também pode ser utilizada para maior fiabilidade, e as células CD^{3+} podem ser excluídas da análise. No entanto, a molécula CD4 também é expressa pela maioria dos subgrupos de células dendríticas, pelo que seria difícil diferenciá-los sem a utilização de anticorpos adicionais. A identificação de alguns subgrupos de células só é possível através da análise comportamental e da identificação do fenótipo celular. Por exemplo, as células T reguladoras são identificadas através da análise da produção de interleucina-10 e TGF-β, juntamente com a expressão de alguns antigénios de superfície, incluindo o CD25 ou o recetor de IL-2. A utilização de um complexo de moléculas fornecedoras de antigénio é outro exemplo de identificação da função celular. Este complexo liga-se aos receptores de células T específicas do antigénio e, consequentemente, as proteínas tetraméricas e pentaméricas do complexo MHC com o péptido são utilizadas para marcar células T específicas do antigénio. Os tetrâmeros de glicolípidos do antigénio com CDld foram recentemente propostos para a identificação de células NK.

Imunofenotipagem da leucemia:
A presença de moléculas na superfície da célula sanguínea permite identificar a linha de células sanguíneas e a sua origem. Na imunofenotipagem, são utilizados anticorpos específicos para se ligarem a antigénios que identificam especificamente uma determinada célula ou um tipo de tecido. A imunofenotipagem pode ser efectuada em secções de tecido, células em lâminas ou células solúveis e suspensas. As técnicas imuno-histoquímicas e imunocitoquímicas, respetivamente, são utilizadas para tecidos ou células em lâmina e as células dissolvidas são facilmente avaliadas por citometria de fluxo. As células hemolinfáticas produzem várias moléculas de superfície e a presença destes antigénios na superfície celular pode ser generalizada e generalizada, ou pode estar presente especificamente apenas em determinadas células.

Os antigénios mais frequentemente utilizados são proteínas de superfície específicas de uma determinada linha celular ou que indicam a maturação e a evolução de uma célula. O objetivo da imunofenotipagem é fornecer um método objetivo e reprodutível para o diagnóstico de doenças malignas do sangue. A base do diagnóstico é a identificação imunológica de uma linha de células precursoras anómalas. Embora as aplicações clínicas da imunofenotipagem em medicina veterinária sejam atualmente limitadas, as aplicações experimentais deste método têm sido úteis em estudos do sistema imunitário e da neoplasia. Em medicina humana, a citometria de fluxo é preferível aos métodos clínicos para classificar e analisar a maturidade das células malignas na leucemia e no linfoma agudo, que são frequentemente utilizados para o controlo terapêutico e para determinar os efeitos residuais mínimos da doença. Em muitos casos de neoplasias linfocíticas do sangue, a citometria de fluxo identifica a clonalidade e as anomalias de uma população de células malignas. A imunofenotipagem é útil se alargar a informação resultante da avaliação histopatológica ou citopatológica. A classificação final e o diagnóstico da neoplasia do sangue baseiam-se nos achados clínicos, nas formas morfológicas e na identidade imunológica e citológica da neoplasia.

Preparação de amostras para imunofenotipagem:

As amostras com origem no sangue, medula óssea, aspirações de tecidos ou biópsias de massas ou tecidos e fluido de cavidades corporais podem ser utilizadas em métodos de imunofenotipagem. Recomenda-se a avaliação citológica ou histopatológica antes da citometria de fluxo, porque uma amostra enviada para o teste de citometria de fluxo pode conter células neoplásicas e cancerígenas que não consideramos. Isto pode ocorrer nos três casos seguintes:

1- O tratamento da neoplasia começa com o diagnóstico microscópico inicial numa pessoa ou animal e, em seguida, a amostra é enviada para o laboratório para diagnóstico por citometria de fluxo após o início do tratamento da neoplasia.

2- Se o local ou o órgão amostrado para os exames microscópicos e de citometria de fluxo forem diferentes um do outro, existe a possibilidade de erro. Por exemplo, foram colhidas amostras de dois gânglios linfáticos diferentes.

3- Se as células neoplásicas forem alternadamente vertidas em fugas e não tiverem células neoplásicas no momento de enviar a amostra para citometria de fluxo.

Deve ter-se cuidado ao efetuar a citometria de fluxo em amostras antigas que tenham sido colhidas há mais de 30 horas. Por exemplo, as células neoplásicas podem morrer com o tempo. A recolha correcta da amostra e o seu envio para o laboratório é um passo muito importante para uma imunofenotipagem adequada. Devem ser utilizadas seringas e tubos de polipropileno para recolher e armazenar as amostras, uma vez que algumas células podem aderir ao vidro não revestido ou ao poliestireno. Recomenda-se a utilização de heparina sem conservantes num volume de 50 unidades por centímetro cúbico de sangue como o melhor anticoagulante, especialmente quando as células nucleares têm de ser seleccionadas utilizando a triagem por diferença de gradiente.

Os anticoagulantes com EDTA podem impedir a agregação plaquetária e impedir a redução das células mielóides, inibindo-as de se ligarem umas às outras, pelo que este anticoagulante também pode ser útil em alguns casos. As amostras devem ser armazenadas à temperatura ambiente (18 a 22 ° C) até serem analisadas. O armazenamento abaixo de 10 ° C resulta frequentemente na absorção de imunoglobulinas pelas células e na perda de alguns dos antigénios da superfície celular. A diluição da amostra numa proporção de 1: 2 de meio de cultura de tecidos contendo 2% de soro fetal de vitelo ou albumina de soro bovino conduz a uma maior proteção das células nucleadas. A preparação de uma amostra para citometria de fluxo envolve a remoção dos eritrócitos e a marcação das células nucleadas com anticorpos. Os eritrócitos podem ser removidos por hemólise antes ou depois da incubação com antigénios. Além disso, as células mononucleares podem ser purificadas por triagem com base em diferenças de gradiente com solução de Ficol e depois coradas com anticorpos.

As técnicas de lise de eritrócitos demoram menos tempo e causam menos perdas de células nucleadas. A triagem baseada em diferenças de gradiente celular leva ao enriquecimento de um blastócito específico e pode ser uma vantagem quando se utiliza a análise de anticorpos fluorescentes monocromáticos. Se for utilizada a triagem baseada em diferenças de gradiente, a amostra deve ser novamente analisada ao microscópio para confirmar a presença das células pretendidas. As técnicas adequadas para a preparação da amostra dependem do tipo de amostra, do grau de contaminação eritrocitária, do número de células nucleadas, do tamanho da amostra e do número relativo e absoluto de células estudadas, bem como do tipo de anticorpos de ligação simples ou múltipla. Os anticorpos monoclonais diretamente conjugados com fluorocromos são preferidos para marcar antigénios celulares. Além disso, podem ser utilizados simultaneamente dois ou mais anticorpos diferentes marcados com materiais fluorocromáticos diferentes para obter mais informações. A utilização de anticorpos monoclonais diretamente conjugados reduz o tempo e os custos. A utilização de anticorpos diretamente conjugados reduz a possibilidade de as células de fundo absorverem o corante, o que é normalmente observado quando se utilizam anticorpos indiretamente conjugados. Os anticorpos são diluídos em tampão fosfato salino com 0,5 a 1% de proteínas (FCS ou BSA) e azida de sódio 0,1 a 0,2%. Devem ser utilizadas as mesmas soluções para lavar as células durante a marcação das células.

Após a marcação, as amostras podem ser fixadas em tampão de formaldeído a 2% e permanecer na mesma forma durante vários dias e semanas. Devem ser utilizados controlos positivos e negativos para cada processo de marcação. A marcação de um antigénio como o CD45 ou o MHC de classe I, que se espera que esteja altamente expresso num grande número de células nucleadas, é utilizada como controlo positivo. O controlo negativo utilizado também é diferente e depende do tipo de métodos directos e indirectos e da marcação de anticorpos únicos ou múltiplos. No mínimo, deve ser utilizado como controlo negativo um anticorpo conjugado com fluorocromo do mesmo isótipo, mas sem propriedades específicas do antigénio. A sua qualidade pode ser garantida através da fenotipagem de amostras normais. Durante a análise, uma amostra deve ser identificada por imunofenotipagem utilizando a citometria de fluxo da população celular estudada.

Nos casos veterinários, tal como nos humanos, uma das aplicações mais importantes da citometria de fluxo consiste em subtrair a leucemia linfoide da leucemia não linfoide ou de outras neoplasias. A maioria dos anticorpos monoclonais utilizáveis nas espécies veterinárias detecta marcadores linfocitários. É sempre necessário utilizar um conjunto de anticorpos monoclonais específicos para a imunofenotipagem, uma vez que alguns dos antigénios associados à diferenciação celular podem ser perdidos durante a transformação neoplásica. Para que os resultados da imunofenotipagem sejam úteis na classificação da leucemia mieloide humana aguda de acordo com o sistema FBA, foi recomendado um conjunto de anticorpos monoclonais para identificar as células num estudo. Não existe um consenso semelhante para as espécies veterinárias. Os casos que devem ser enviados para citometria de fluxo e a forma de interpretar os resultados da citometria de fluxo:

1- Critérios de seleção de um doente para testes:

A) Nos casos em que se suspeita de neoplasia linfoide ou sanguínea.

B) Quando se suspeita de uma população celular que contém uma percentagem significativa de todas as células nucleadas (% 5%) ou se suspeita de um tipo de célula que é maior do que outros casos de células nucleadas, que pode ser detectado por um diagrama de dispersão da luz.

C) A suspensão celular contém uma linha celular ou pode ser obtida a partir desta suspensão através de um processo de célula única.

D) Pode obter-se uma amostra suficiente com um número específico de células (mais de 10^7).

2- Deteção da população celular no diagrama de citometria de fluxo:

A) Identificação com base em propriedades anormais de dispersão da luz

B) Identificação através da utilização de dispersão de luz e marcação de anticorpos com fluorescência

3- Determinação da presença de antigénio de superfície:

A) Deteção da presença de antigénio de superfície

B) Deteção da presença de expressão anormal de antigénios, composição anormal de antigénios ou ausência de expressão normal de antigénios em comparação com células hematopoiéticas normais.

C) É impossível que todas as células sejam seleccionadas durante uma porta de análise quando se avalia uma população celular desejada por citometria de fluxo. A porta de análise pode incluir células normais, agregação de plaquetas e detritos celulares, pelo que a análise monocromática das células não é muito útil e pode induzir em erro. Assim, um fenótipo CD^{4+} / CD^{3+} / CD^{14-} revela uma origem linfoide, um fenótipo CD^{4+} / CD^{3-} / CD^{14+} revela uma origem monocítica e um fenótipo CD^{4+} / CD^{3-} / CD^{14-} revela uma origem granulocítica.

D) Em veterinária, a falta de acesso a anticorpos conjugados com diferentes fluorocromos pode limitar a utilização de anticorpos duplos e triplos marcados. Nos casos em que a deteção é feita por dispersão da luz, os anticorpos marcados são a melhor opção, o que pode ser útil utilizando anticorpos marcados para vários antigénios separadamente e simultaneamente com o diagrama de dispersão da luz.

E) É necessário reconhecer as limitações da técnica e dos seus reagentes. Por exemplo, a imunoglobulina superficial tem sido utilizada como uma caraterística do fenótipo dos linfócitos B. Embora os linfócitos B revelem imunoglobulinas superficiais, estas estão presentes em células normais e em células neoplásicas in vitro e in vivo. Por conseguinte, a presença de imunoglobulinas de superfície indica um fenótipo de linfócitos B na presença de outros marcadores específicos de células (CD1-CD22), mas, por si só, não pode ser um meio de diagnóstico para os linfócitos B.

4-   A relação entre os resultados deve ser examinada e deve ser efectuado um diagnóstico definitivo:

A) Determinar a importância de cada dado.

B) Diagnosticar a doença com base em achados clínicos, morfologia, citoquímica e imunofenotipagem.

A citometria de fluxo e a sua aplicação no diagnóstico de diferentes tipos de cancro:

Na última década, a citometria de fluxo tornou-se um instrumento essencial e incontornável no diagnóstico de doenças malignas do sangue em seres humanos. A citometria de fluxo é habitualmente utilizada para a identificação de linhas celulares ou para a análise de tecido celular maduro e para o diagnóstico da heterogeneidade entre populações de células tumorais, de modo a determinar os menores resíduos da doença e a acompanhar cuidadosamente o processo de recuperação da doença.

O nível de complexidade, de competência e de importância da imunofenotipagem em medicina veterinária é muito inferior ao da medicina, a

A citometria de fluxo baseia-se na deteção de um ou mais antigénios da superfície da membrana celular ou de antigénios no interior das células numa suspensão uniforme, utilizando as propriedades de dispersão da luz destas células. Estes antigénios são visíveis com a ajuda de anticorpos monoclonais fluorescentes. As células não nucleares são removidas da amostra antes da citometria de fluxo.

Imunofenotipagem em leucemia e linfoma:

Um conjunto de anticorpos, incluindo: Anti CD4, Anti CD3, AntiCD21, AntiCD5, AntiCD8, para imunofenotipagem de leucemia linfoide são divididos em uma de duas categorias de T ou B. Resultados semelhantes em outros estudos entre um pequeno número de leucemia linfocítica crónica foram (CLL) relatados.

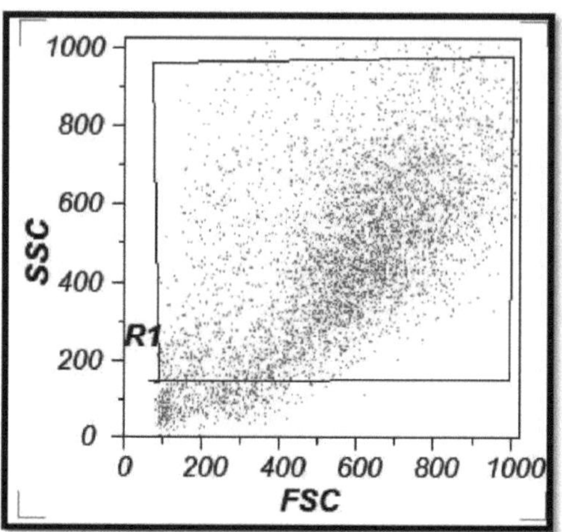

Figura 2. Local das células cancerosas da leucemia na citometria de fluxo

A expressão de CD34, um achado comum na leucemia linfoide aguda não-granular, não é detetável na leucemia linfocítica crónica CLL. A análise do diagrama de pontos por citometria de fluxo é uma técnica útil para a avaliação genealógica das células leucémicas no sangue e na medula óssea. Embora o fenótipo das células cancerosas com origem mieloide seja claramente diferenciado da leucemia mieloide, não é possível distinguir a leucemia mieloide da histiocitose maligna e da síndrome hemofagocítica. A avaliação da medula óssea é mais sensível do que a avaliação do sangue.

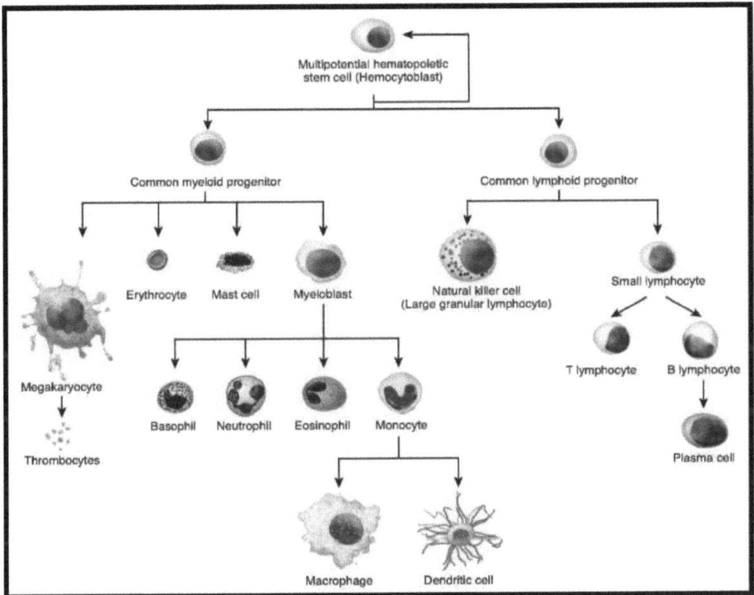

Figura 3. O processo de hematopoiese envolve a diferenciação de células sanguíneas multipotentes.

Triagem de células com citómetro de fluxo:

Os classificadores de fluxo são uma ferramenta essencial e popular nas ciências biológicas e noutras ciências. A principal função destes classificadores consiste em separar populações celulares desejadas de uma população heterogénea de células para estudo posterior. Se uma célula ou partícula tiver propriedades únicas, tais como propriedades físicas ou químicas, estas propriedades podem ser utilizadas para a identificar e separar de outras células associadas através de um classificador de fluxo.

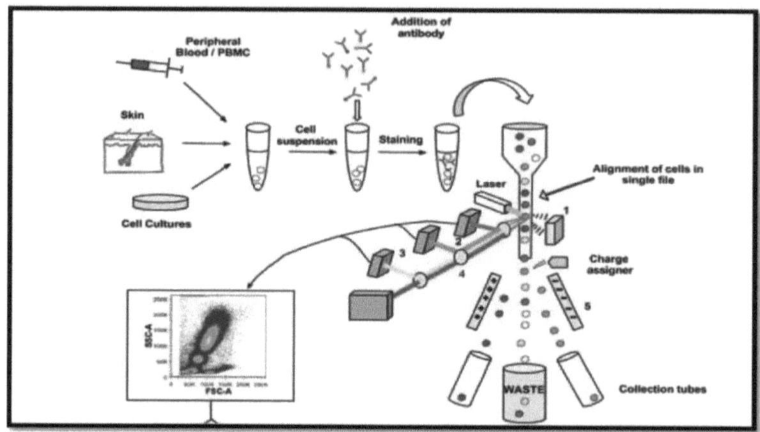

Figura 4. Esquema de uma citometria de fluxo com um classificador de fluorescência para a triagem de suspensões de células sanguíneas.

Vários artigos abordaram a história inicial e a evolução dos classificadores de células. Os primeiros classificadores de fluxo eram muito grandes, feitos à mão e concebidos para um objetivo específico, mas a importância comercial do potencial de classificação das células não tardou a ser revelada e, no início da década de 1970, os classificadores de fluxo passaram a ser produzidos em massa. Desde então, estas máquinas tornaram-se amplamente disponíveis e tornaram-se uma ferramenta valiosa nos domínios biomédico e outros. Na maioria dos casos em que se está a estudar uma mistura de populações de células, sente-se continuamente a necessidade de separar populações individuais para estudo posterior.

O poder da citometria de fluxo reside no facto de poder utilizar a análise multiparamétrica para identificar populações altamente específicas. Além disso, a citometria de fluxo não só é capaz de identificar as propriedades fenotípicas das células utilizando a resposta específica de antigénios com anticorpos, como também tem a capacidade de medir o conteúdo de ADN celular contendo ARN celular ou mesmo propriedades funcionais como o fluxo de iões ou o pH ou diferentes modos de tipos de células como a apoptose e a morte celular. Apesar da possibilidade de identificar subgrupos utilizando o citómetro de fluxo analítico, qual é a importância da triagem de partículas? Um grande número de artigos baseados na triagem de subgrupos por meio de classificadores de fluxo mostra que esta tecnologia pode ser útil. É possível classificar, em condições estéreis, populações celulares específicas para a proliferação em meio de cultura.

As células podem ser seleccionadas para utilização em testes funcionais ou para transplante para animais de laboratório ou doentes. Também é possível classificar o esperma para a próxima inseminação e selecionar o sexo da criança. Embora os classificadores de fluxo sejam utilizados principalmente para classificar células de mamíferos, é mais correto referir-se a eles como classificadores de partículas, uma vez que também são utilizados para classificar leveduras, bactérias e fitoplâncton. De facto, nem sempre são necessárias células inteiras, uma vez que é possível classificar organelos intracelulares, como o aparelho de Golgi ou os cromossomas. A classificação em fluxo é a única forma prática de classificar grandes quantidades de cromossomas específicos de seres humanos e outros primatas ou espécies vegetais, e o valor da classificação em fluxo foi comprovado no projeto de sequenciação do genoma humano e na geração de novos mapas cromossómicos. Além disso, à medida que se abrem novos campos da genómica e da proteómica, os classificadores de fluxo tornam-se mais importantes, por exemplo, classificando grandes volumes de subcategorias de células para análise de microarranjos. Além disso, as partículas unitárias podem ser classificadas em poços de placas individuais para clonagem ou análise de PCR. Assim, os classificadores de fluxo são amplamente utilizados e um classificador de fluxo ou, de facto, o acesso a um deles, é uma ferramenta muito valiosa.

Separador eletrostático

A base da maioria dos citómetros de fluxo analíticos é que as células são aspiradas de uma fonte e focadas hidrodinamicamente de modo a passarem uma a uma por uma fonte de luz e, geralmente, por um ou mais lasers. Nesta altura, os sinais de dispersão da luz e de fluorescência são detectados e medidos. Depois disso, as células caem no caixote do lixo sob a força de sucção. Os separadores de fluxo utilizam normalmente o princípio da deflexão eletrostática de gotas carregadas, à semelhança do que acontece nas impressoras de jato de tinta. Para classificar os particípios com este método, as células devem ser colocadas num sistema mais aberto e livre e, para tal, as células são lançadas para o ar dentro de um feixe de fluido de bainha.

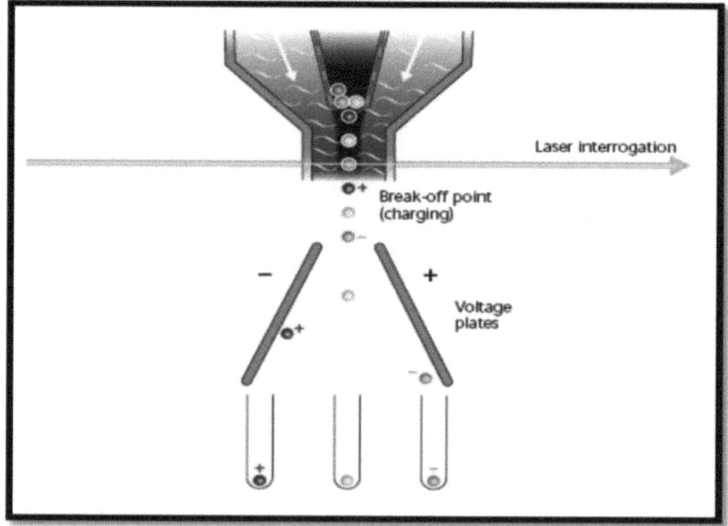

Figura 5. Separador de fluxos e deflexão eletrostática de gotas carregadas.

Cada feixe de fluido lançado para o ar decompõe-se em gotas, mas não é previsível quando e onde ocorre a formação da gota. Para uma aplicação precisa e correcta da carga à gota (de acordo com os parâmetros da célula detectada), a distância entre o ponto em que o laser atinge as células e o local onde se forma a primeira gota deve ser fixada. A dimensão desta distância depende de muitos factores, como o tamanho do peso, a pressão do fluido da bainha, a temperatura ambiente e a viscosidade do fluido.

No entanto, se for aplicada ao feixe de fluido uma onda estática com uma determinada frequência e intensidade, é possível continuar a transformar o fluido numa gota e, se as condições acima referidas se mantiverem constantes, para além do atraso na formação da gota, o tamanho da gota e a distância entre as gotas formadas também se mantêm constantes.

Num classificador de fluxo, esta vibração é gerada por um transdutor, que é normalmente um cristal piezoelétrico, acoplado acusticamente ao tubo do bocal. À medida que as células passam pelo bocal, atravessam um ou mais feixes de laser e, neste ponto, a informação sobre a célula ou partícula é recolhida durante a análise. A distância e, consequentemente, o tempo entre o ponto de análise e o ponto em que a célula é selecionada como uma gota do feixe de fluido é constante e pode ser calculada em condições constantes. A distância entre o ponto de impacto do laser e o ponto em que a célula passa a ser uma gota é medida em termos do número de gotas e é frequentemente designada por atraso da gota. O cálculo e a monitorização do atraso de queda são muito importantes e fundamentais para determinar o êxito ou o fracasso de uma classificação. O exame microscópico pode ser utilizado sob iluminação estroboscópica para monitorizar e manter constante o ponto de rutura da gota. O atraso da gota é calculado através da determinação do número de gotas localizadas entre o ponto de análise e o ponto de rutura. Assim que o feixe de fluido sai do bocal, as gotas começam a formar-se, mas são misturadas até ao ponto de rutura. Existem vários métodos para medir o atraso das gotas. Contando o número de gotas formadas a uma determinada distância, classificando os grânulos na lâmina com diferentes atrasos de gota e examinando-os ao microscópio, ou observando grãos fluorescentes nos feixes laterais classificados, o método exato de cálculo do atraso de gota varia em função do tipo de classificador utilizado.

Uma vez calculado o atraso da gota, é possível carregá-la ao longo do feixe no momento em que se forma a primeira gota. Assim, as gotas individuais serão carregadas independentemente do local onde são seleccionadas a partir da linha contínua do feixe e terão uma carga positiva ou uma carga negativa ou nenhuma carga. Em seguida, cada gota passa por um campo elétrico constante criado por duas placas carregadas. A tensão entre as placas deve ser da ordem dos 2000 a 6000 V, dependendo do classificador de fluxo utilizado e do número de populações-alvo. As gotas carregadas serão adsorvidas em placas de polaridade oposta e desviadas para os recipientes de recolha, que podem ser tubos Eppendorf, tubos de centrifugação de 6 ml, tubos cónicos de 15 ou 50 ml ou placas com vários poços. Nos primeiros tempos, os separadores de fluxo só conseguiam separar as populações, uma para a direita e outra para a esquerda. Fazem-no através de uma diferença de carga. Assim, são classificadas duas populações à direita e duas populações à esquerda do feixe central de mistura. O modo de formação das gotas e o seu atraso são factores que permitem ao classificador de fluxo classificar as células. No entanto, para classificar uma população pura, é necessário garantir a presença das partículas desejadas, bem como a ausência de células indesejadas numa gota.

Para garantir a pureza, naturalmente só são carregadas algumas gotas que contenham a célula desejada, ou uma gota em que seja provável que a célula esteja presente. Embora a formação da gota seja estável na ausência de uma amostra, a dinâmica do feixe e as pequenas perturbações no seu fluxo fazem com que a posição da célula no interior da gota seja imprecisa e que o impulso de carga esteja em fase com a produção da gota. Isto é especialmente verdadeiro quando uma célula é colocada perto da extremidade de uma gota que é colocada na gota anterior ou seguinte, pelo que pode ser carregada mais do que uma gota para evitar a perda de células. Determinar se a célula está na gota anterior ou seguinte depende da posição da célula entre as gotas. A classificação nunca é um processo com 100% de eficiência e um certo número de partículas desejadas será removido. As partículas podem estar tão próximas umas das outras no ponto de análise que não podem ser analisadas separadamente.

Este estado é frequentemente designado por falha de hardware, que ignorará o classificador de fluxo destas células, uma vez que o dispositivo tem o poder de decidir se as células são desejadas ou não. O número de falhas de hardware é afetado pelo tempo morto da parte eletrónica. O tempo morto é o tempo necessário para concluir o processamento anterior e iniciar o novo processamento, e é mais importante nos sistemas analógicos mais antigos do que nos sistemas digitais modernos. Outros pontos importantes incluem a pressão do fluido da amostra, o tamanho da célula, a densidade da célula e a aderência da célula.

Outra forma de perder células desejadas é ter células que precisam de ser analisadas separadamente num feixe de fluido tão próximas umas das outras que são colocadas numa gota. Estes casos são também designados por falha de software ou aborto por coincidência. Para além de uma redução da pureza, se uma gota contiver uma célula indesejada, normalmente não será selecionada e essa gota irá para o lixo. No entanto, quando o investigador considera uma população específica, prefere ignorar esta pequena impureza para obter uma grande quantidade da célula desejada, e este estado de seleção é designado por modo de enriquecimento. De facto, todos os classificadores permitem ao utilizador alterar o modo de classificação em função das suas necessidades. Em cada classificação, isto é feito com uma ligeira diferença de método, mas, em geral, existem três modos de classificação. O modo padrão habitual, que é definido com o objetivo de maior pureza, se a coincidência for elevada, uma parte das células perder-se-á. O segundo modo é o modo de enriquecimento, no qual todas as células são seleccionadas independentemente da pureza.

O terceiro modo, frequentemente designado por modo contador ou modo de célula única, é utilizado quando é necessária uma elevada precisão de contagem. Por exemplo, quando são seleccionadas células individuais dentro de placas de múltiplos poços para clonagem ou para classificar um determinado número de células para testes funcionais ou transplantes. Neste modo, a parte eletrónica do dispositivo classifica apenas uma gota que contém apenas uma célula desejada e essa célula está no centro da gota, não havendo possibilidade de classificar as células combinadas nas gotas adjacentes. A taxa de classificação depende do tempo de formação de uma gota, o que depende da frequência do transdutor. A frequência de formação de gotas num classificador (sistema aberto) é determinada pela velocidade e pelo diâmetro da erupção e é expressa por $f = 4,5d$, em que v é a velocidade do fluido e d é o diâmetro da abertura.

Um classificador típico que classifica com uma pressão de bainha de cerca de 12,5 psi produzirá uma velocidade de bainha de cerca de 10 m / s. Nestas condições, formam-se cerca de 27000 gotas por segundo e o caudal das células é de aproximadamente 5000 células por segundo. Assim, espera-se que apenas uma gota em cada cinco gotas contenha uma célula. Para uma classificação muito mais rápida com uma abertura fixa, devem ser fabricados separadores de fluxo que funcionem a pressões mais elevadas e, por conseguinte, a taxas de bainha mais elevadas. O aumento da pressão da bainha para 60 psi permite a formação de aproximadamente 100000 gotas por segundo, ou seja, a taxa de classificação aumenta cerca de 4 vezes. A frequência mais adequada para a formação de gotas varia consoante o diâmetro do bocal. A taxa máxima de classificação é limitada devido à pressão máxima limitada da bainha necessária para produzir a gota. Por exemplo, é possível atingir uma frequência de 250000 gotas por segundo, mas apenas quando a pressão é atingida a 500 psi, e esta pressão não será de todo favorável às células viáveis, embora uma pressão tão elevada tenha sido utilizada para classificar cromossomas.

Triagem mecânica e outras formas de triagem:
Apesar de normalmente encontrarmos classificadores de comutação fluídica menos mecânicos, vale a pena recordá-los. Os classificadores mecânicos não utilizam gotas porque funcionam num ambiente fechado, mas utilizam uma seringa guiada por motor para aspirar o fluido que contém a célula desejada. A tomada de decisões sobre os classificadores de "gotas" baseia-se nos mesmos métodos lógicos

de classificação, que ocorrem num fluxo de ar, mas são lentos em comparação com estes métodos e são capazes de classificar cerca de 500 células por segundo e apenas numa determinada população num dado momento. No entanto, uma vez que este sistema é fechado, o risco de contaminação é reduzido, não é necessário montar as matrizes de laser e o trabalho com elas é mais fácil, não necessitando de um operador especializado. Os separadores de fluxo no ar podem separar a uma taxa de 30000 células por segundo, mas esta taxa é ainda baixa em comparação com os métodos de separação em massa, como os métodos de filtração de células ou os métodos de extração centrífuga. Outra forma de separar as células é utilizar esferas magnéticas.

Através de uma seleção positiva, as células desejadas podem ser classificadas através da adição de anticorpos específicos de células montados em esferas magnéticas, ou através de uma seleção negativa, as células indesejadas podem ser removidas e as células desejadas podem ser classificadas através da adição de anticorpos produzidos contra as células que não a célula desejada, montados nas esferas magnéticas. Uma vez que o anticorpo magnetizado reagiu com as células, a suspensão de células passa através de uma coluna localizada num forte campo magnético e, de acordo com o método utilizado, as células desejadas são seleccionadas na parede da coluna ou na solução de saída da coluna. No entanto, um classificador de fluxo deve proporcionar uma elevada pureza, uma vez que pode classificar populações com base em vários parâmetros, tais como a presença de proteínas fluorescentes, o teor de ácidos nucleicos e a intensidade da fluorescência. Os classificadores de fluxo no ar têm outras capacidades, podem ser optimizados em termos de fontes de luz de excitação e de instrumentos ópticos utilizados para receber os feixes emitidos. Além disso, podem selecionar até 4 subpopulações de células simultaneamente com base nas propriedades celulares medidas. Além disso, a sua aquisição, manutenção e utilização são muito dispendiosas e requerem um operador especializado para um desempenho correto.

Capítulo 4: Sugestões e soluções

Embora a teoria da seleção de fluxos seja relativamente simples, existem "truques profissionais" que só podem ser aprendidos através da experiência. A baixa pureza pode ser observada quando há muitas coincidências. Por exemplo, quando uma célula-alvo está ligada a uma célula não-alvo, a triagem negativa resulta numa pureza parcialmente maior do que a triagem positiva. Neste caso, a preparação das células é importante porque as células mortas podem aumentar a prevalência de coincidências e de massas celulares, libertando ADN e aumentando a viscosidade da solução, pelo que a adição de DNAase I (100 mg/mg/ml com 5 mmol MgCl2) ajudará a reduzir as pinças. Além disso, manter a amostra fresca pode contribuir para manter a suspensão de células individuais. A pureza dos classificadores de quatro tubos também pode ser afetada pela qualidade dos feixes laterais e as populações maiores devem ser separadas pelos feixes internos esquerdo e direito. Observa-se uma baixa recuperação quando as células não entram no recipiente de recolha.

A substituição dos tubos por tubos de propileno ou de vidro revestidos com soro de vitelo pode ajudar a evitar a formação de carga eletrostática, que conduz a uma baixa recuperação. A baixa recuperação pode também ser devida a feixes laterais fracos. Em geral, estes problemas podem dever-se ao elevado teor proteico da amostra ou ao grande número de partículas que são seleccionadas. Em comparação com o tamanho da gota, a mudança de ambiente e um aumento do diâmetro do bocal podem ser úteis. É importante manter a câmara de seleção seca. Além disso, a baixa recuperação pode dever-se a alterações no fluxo da bainha e à formação de gotas durante a seleção, o que se deve a alterações na viscosidade do fluido devido a alterações de temperatura. É importante manter a temperatura tão constante quanto possível para evitar este problema. A baixa eficiência é afetada pelo número de células coincidentes presentes durante uma triagem. Estas coincidências devem ser visualizadas durante a triagem. Todos os separadores de fluxo permitem que os utilizadores monitorizem as falhas de hardware e estas falhas devem ser mantidas dentro de 5% do caudal total. Se as falhas de hardware forem demasiado elevadas, pode ser útil reduzir o caudal ou aumentar o tamanho do bocal. A baixa viabilidade e a baixa função celular indicam que as condições de triagem podem ser prejudiciais para o tipo de célula que está a ser triada. A classificação das células num meio completo com uma concentração elevada de proteínas (20% de soro) e o arrefecimento das amostras podem ser úteis. No entanto, é provável que as células sejam inversamente afectadas pela pressão da bainha ou pelo tamanho do bocal. Nestes casos, pode ser útil reduzir a pressão ou aumentar o diâmetro do bocal. Em caso de redução aguda da viabilidade, a substituição do fluido da bainha pelo fluido onde as células crescem pode ser útil. É importante manter o pH correto para as células a separar, e a adição de um sistema tampão sem fosfato (como HEPES 25 mM) ao meio em que as células são separadas ajuda a aumentar o número de células viáveis.

O maior problema dos separadores de fluxo é o seu bloqueio. Quando está completamente bloqueado, nem sequer uma partícula consegue passar pelo bocal, mas os bloqueios parciais podem também causar turbulência no feixe de fluido, provocando instabilidade na formação da gota e, consequentemente, uma alteração no atraso da gota. O bloqueio parcial da amostra pode ser evitado arrefecendo a amostra selecionada através da agitação da amostra, filtrando-a imediatamente antes da seleção e seleccionando alíquotas em série da amostra. O bocal pode ser limpo por sonicação sucessiva da solução de detergente e água destilada.

Uma vez que as partes do detetor ótico estão mais afastadas dos pontos de excitação da amostra nos sistemas de fluxo de ar, a eficiência do seu sistema de recolha ótica é menor. Embora seja possível compensar este facto utilizando fontes de excitação mais fortes, estes sistemas continuam a ser menos sensíveis do que sistemas semelhantes. Não esquecer este defeito ao conceber experiências, especialmente quando se procura antigénios pouco expressos ou quando a relação de sinal é baixa ou são utilizados fluorocromos como o PerCP, uma vez que este fluorocromo é destruído quando exposto a radiação laser intensa. É também possível utilizar uma combinação de sistemas semelhantes para a medição da fluorescência antes da formação de gotas e da triagem (por exemplo, foi recentemente introduzido o FACS Aria). No entanto, apesar dos avanços nos novos separadores de fluxo, as antigas recomendações continuam a ser válidas.

Considerações sobre segurança e saúde

Todos os classificadores de sistema aberto produzem aerossóis devido à sua natureza aberta, pelo que os operadores e utilizadores destes dispositivos devem estar plenamente conscientes dos seus potenciais problemas e perigos. Existem directrizes publicadas sobre práticas de conservação, mas as directrizes publicadas pelos serviços regionais de segurança e saúde são importantes e devem ser seguidas. Em todos os casos, os operadores devem estar conscientes de que todas as partículas não fixadas são potencialmente contaminantes e devem ser tidas em conta considerações de segurança adequadas, como a utilização de luvas, batas de laboratório e máscaras faciais apropriadas e um separador de fluxo com um sistema adequado de gestão de aerossóis.

Para além de prestarem atenção aos riscos biológicos, os operadores devem estar conscientes dos riscos químicos dos corantes e fluorocromos utilizados na citometria de fluxo, especialmente os corantes de ligação ao ADN (que são potencialmente cancerígenos) e os riscos dos lasers. Devem ser usados óculos de proteção adequados quando se colocam as matrizes de laser e o acesso às salas que contêm lasers da classe IV deve ser rigorosamente controlado. O custo de aquisição de um classificador de fluxo é crucial, e há uma necessidade urgente de um operador treinado e experiente, a fim de garantir que o investimento inicial seja rentável. Os princípios da triagem são relativamente simples, mas uma triagem bem sucedida requer uma grande experiência. A este respeito, se quisermos utilizar todas as potencialidades de um classificador de fluxo, é essencial adquirir conhecimentos sobre lasers e fluidos e ter conhecimentos e competências na utilização de computadores e conhecimentos biológicos.

Referência:

Davise, D C., Monard, S. P., e Young, B. D (2000) Chromosome analysis anf sorting, em Flow cytometry, 3rd edit. Oxford University press. PP. 189-201.

Dean, G.A.(2000) CD Antigens and Immunophenotyping.in Feldman B.F zinkl JG/ Jain NC (eds), Schalms Veternary Hematology(5edn), Philadelphia:Lippincott,William and Wilkins PP. 686-695.

Sekar, R., Fuchs, B. M., Amann, R., e pernthaler, J.(2004) flow sorting of marine bacterioplankton after fluorescence in situ Hibridization. Appl. Envitron. Microbiol. 70, 62106219.

Ferguson-Smit, M. A., Yang, F., Ranse, W., e Obrin, P.C. (2005) O impacto da seleção e pintura de cromossomas na análise comparativa de genomas de primatas. Cytogenet Genome res. 108, 112-121.

Jochem, F. J. (2005) Efeito fisiológico a curto prazo da triagem mecânica de fluxo e do concentrador de células Bectone-Dickinson em culturas de Phytoflagellata marinha Emiliana huxleyi e Micromonas pusila. Cytometry 65, 77-83.

Jana Filipova, Lucie Rihova, Pavla Vsianska, Zuzana Kufova, Roman Hajek. (2015) Citometria de fluxo na amiloidose da cadeia leve de imunoglobulina: Breve revisão. Pesquisa em LeucemiaVolume 39, Edição 11 Páginas 1131-1135.

Dmitry Kuksin, Christina Arieta Kuksin, Jean Qiu, Leo Li-Ying Chan. (2016) A citometria de imagem com o Cellometer como ferramenta complementar à citometria de fluxo para verificar as populações de células gated. Analytical BiochemistryVolume

50315 Páginas 1-5.

Fernando J. Peña, Patricia Martin Muñoz, Cristina Ortega Ferrusola.(2016) Flow Cytometry Probes to Evaluate Stallion Spermatozoa. Journal of Equine Veterinary ScienceVolume 43, SuplementoAgosto Páginas s23-s28.

David Aebisher, Dorota Bartusik, Jacek Tabarkiewicz.(2017) A citometria de fluxo a laser como ferramenta para o avanço da medicina clínica. Biomedicine & PharmacotherapyVolume 85Janeiro Páginas 434-443.

Leach, M. Drummond, M. Doig, A. (2013) Citometria de Fluxo Prática no Diagnóstico Heamatológico. Negócio técnico e médico com a editora Blackwell.

Sharifiyazdi, H., Abbaszadeh Hasiri, M., & Amini, A. H. (2014) Hemólise intravascular associada a Candidatus Mycoplasma hematoparvum num cão não esplenectomizado na região sul do Irão. InVeterinary Research Forum, 5(3), 243-246.

Sahar, Hamoon Navard. Delirezh, Nowruz. Ahangaran, Nahid.(2014) Avaliação da sobrevivência de neutrófilos no sangue periférico após tratamento com células estaminais mesenquimais em ratos. Mazandaran Journal of Medical Sciences, No., páginas 34 a 40.

Sahar, Hamoon Navard. Delirezh, Nowruz. (2014) Sobrevivência de neutrófilos do sangue periférico após tratamento com factores solúveis de células estaminais mesenquimais de rato. Jornal da Universidade de Ciências Médicas de Yasouj. Volume 19. Número 1. 46-36.

Hosseini, Seyed Ehsan. Delirezh, Nowruz. Ahangaran, Nahid. (2014) Os efeitos da geleia real na citotoxicidade in vitro das células K562 e das células mononucleares do sangue periférico. Jornal da Universidade de Ciências Médicas de Yasouj. Volume 18. Número

11. 869-878.

Yoichiro Hoshino, Masashi Nakata, Toshinari Godo. (2019) Estimativa do número cromossómico entre a descendência de uma população autopolinizada de Senno triploide (Lychnis senno Siebold et Zucc.) por citometria de fluxo. Scientia HorticulturaeVolume 25615 108542, pp 2-5.

Elis D. Silva, Beatriz C. Oliveira, Andresa P. Oliveira, Wagner J. T. Santos, Valéria R. A. Pereira. (2019) Avaliação do desempenho da imunoglobulina G (IgG) promastigotas de Leishmania infantum anti-fixada detectada por citometria de fluxo como ferramenta diagnóstica para Leishmaniose visceral. Journal of Immunological MethodsVolume 469Junho, pp 18-25.

Ryan Cheswick, Elise Cartmell, Susan Lee, Andrew Upton, Peter Jarvis. (2019) Comparação da citometria de fluxo com métodos baseados em cultura para monitorização microbiana e como ferramenta de diagnóstico para avaliar os processos de tratamento de água potável. Ambiente InternacionalVolume 130, 104893, pp 1-7.

Soleimani Styar. Rasool, Khalili. Qader, Masoumeh. Tavassoli Kheiri. (2008) Flow cytometry Principles and Methods. Teerão Andishehmand, pp. 298-283.

Hosseini, Seyed Mohammad Baqer. (2009) Principle of flow cytometry in veterinary medicine [Princípio da citometria de fluxo em medicina veterinária]. Faculdade de Medicina Veterinária de Shiraz, páginas 9-5.

Alik Demishtein, Ziv Porat, Zvulun Elazar, Elena Shvets. (2015) Aplicações da citometria de fluxo para a medição da autofagia. MethodsVolume 7515 Páginas 87-95.

Hosseini, Seyed Ehsan. Delirezh, Nowruz. Ahangaran, Nahid. (2014) Efeito da geléia real na citotoxicidade das células mononucleares do sangue periférico contra a linha celular de eritroleucemia K562. Mazandaran Journal of Medical Sciences, No. 114, Páginas 1 a 7.

Sharifiyazdi, Hassan. Hosseini, Seyed Ehsan. Hamoun Navard, Sahar.(2014), Principles of Testing with Flowcytometry.Arena publishment. Número do livro nacional iraniano: 3650447, páginas 10 a 80.

Pinkel, D., e Stovell, R. (1985) Flow Chambers and sample Handling, em Flow cytometry: Intrumentation and data Analasis, Academic press, Londres, pp. 77-128.

Leifer, C.E, Matus R.E. (1986). Linfoma canino: Considerações clínicas. Sem Vet Med Surg 1: 43-50.

Nunez, R.(2001) Flow Cytometry for Research Scientists:Principles and Applications, Horizon Press,U.K.,PP:1-3.

Pruitt, S. C., Mielnicki, L. M., e stewart, C. C. (2002) Analysis of Fluorescent protein expressing cells by flow Cytometry. Methods Mol. Bio. 263, 239- 258.

Darzynkiewicz, Z., Juan, G., Li, X., Gorczyca, W. Murakami, T. e Traganose, F. (1994) Cytometry in cell necrobiology: Análise da opoptose e da morte celular acidental. Flow Cytometry 27, 1-20.

Gift, E. A.,. Park, H. j., Paradis, G. A., Demain, A. L., e weaver, J. C. (1996) FACS-based isolation of slowly growing cells: double encapsulation of yeast in gel microscop. Nat Biotechnol. 14, 884-887.

Battye, F. L., Light, A e Tarlinton, D. M. (2000) single cell sorting and cloning. J. Immunol. Methods 243, 25-32.

Rabinovitch, P. S., e june, C. H. (2000) Intracellular ionized calcium, magnesium membrane potential and PH, in flow cytometry, 3rd edit . Oxford University press. PP.203- 234.

Ormerod, M. G.(2000) Analysis of DNA-General methods, in flow cytometry, 3rd edit. Oxford University press. PP. 83- 97.

Kah Teong Soh, Joseph D. Tario, Paul K. Wallace. (2017) Diagnóstico de Discrasias de Células Plasmáticas e Monitorização de Doença Residual Mínima por Citometria de Fluxo Multiparamétrica. Clínicas em Medicina LaboratorialVolume 37, Edição 4, Páginas 821-835.

Jeffrey W. Craig, David M. Dorfman. (2017) Citometria de fluxo de células T e neoplasias de células T. Clínicas em Medicina LaboratorialVolume 37, Edição 4 Páginas 725-736.

Jocelyn R. Farmer, Michelle DeLelys. (2019) Citometria de fluxo como uma ferramenta de diagnóstico em deficiências imunológicas primárias e secundárias Clínicas em Medicina LaboratorialVolume 39, Edição 4D. Páginas 591-607.

Abul, K. Abass, Andrew H. Lichtman. (2010) Cellular and molecular immunology. pp: 519-524.

Richard R. Jahan T. Ciatriona R. Gerlinde, O. e Kathryn, S. (2012). Flow cytometry, Journal of investigative Dermatology, pp 1-5.

Seyed Ehsan, Hosseini. (2013) Análise in vitro do efeito da geleia real na citotoxicidade das células mononucleares do sangue periférico contra a linha celular de eritroleucemia K562, Tese de Mestrado da Urmia. Faculdade de Medicina Veterinária, pp. 35-37.

Gol Afshan, Habibollah. (2005) Applied points in hematology (segunda edição), Shiraz. Universidade de Ciências Médicas e Serviços de Saúde. Fars Publishers Cooperative Company. Páginas 229-232.

Azeri. Hassan, Golmohammadi. Mohammad Qasem, Esfandiari. Abraão, homens. Muhammad, Reynolds. Brent Alan(2007) Evaluation of Neurogenesis of Neural Cells Using Flow cytometry and its Comparison with Manual Counting Method. Jornal da Escola de Medicina de Isfahan, n.º 86, pp. 17-9.

Edwards, A. D., Manickasingham, S. P., sporri, R., et al. (2002) O reconhecimento microbiano através de uma via dependente e independente de receptores tolllike determina a resposta de citocinas de subconjuntos de células dentríticas murinas ao desencadeamento de CD40. J. Immunol. 160, 3652-3660.

Culmsee. K e Nolte. I(2002) Flow cytometry and its application in small animal oncology, Kluwer Academic Publisher, Methods in Cell Science, 24: 49-54.

Dolezel, J., Kubalakova, M., Bartose, J., e Macas, J (2004) Flow cytogenetics and plant genome maping. Chromosome Res. 12, 77-91.

EL-Naggar, A. K.(2004) Análise citométrica de fluxo simultânea de ADN e ARN. Methods Mol. Biol. 263, 371-384.

Dressler, LG (1990). Controlos, padrões e interpretação de histogramas em citometria de fluxo de ADN. Methods cell Biol 33:157-171.

Guasch, R. M., Guerri, C., e OConnor, J.E.(1993) Flow cytometric analysis of concanavalin A binding to isolate Golgi fraction from rat liver. Exp. Cell res. 207, 136-141.

Mcarthy, D. A. e Macey, M. G., Cahill, M. R., e Newland, A. C. (1994) O efeito da fixação na quantificação da expressão do antigénio de superfície associado à função dos leucócitos. Cytometry 17, 39-49.

Allen, P. e Davies, D. (2007) Apoptosis Detection by Flow Cytometry.in: Flow CytometryTrinciples and Application, Macey M.G(ed),Humana Press Inc. PP:147-150.

Sharifi, H. Nassiri, S .Esmaealli, H. (2007) Eosinophilic Leukemia in cat. Journal of feline medicin and surgery. 9:514-512.

Mohamed N. M. Bahrudeen, Vatsala Chauhan, Cristina S. D. Palma, Samuel M. D. Oliveira, Andre S. Ribeiro.(2019) Estimativa do número de RNA em células individuais por marcação fluorescente de RNA e citometria de fluxo. Journal of Microbiological MethodsVolume 166, 105745, pp 1-5.

Christina R. Steadman Tyler, Claire K. Sanders, Reece S. Erickson, Taraka Dale, Babetta L. Marrone. (2019) Caracterização funcional e fenotípica por citometria de fluxo de Picochlorum soloecismus. Algal ResearchVolume 43, 101614, pp 1-3.

Cran, D. G., e Johnson, L.A.(1996) a predeterminação do sexo embrionário utilizando espermatozóides X y separados por citometria de fluxo. Reprod. Update 2, 355-363.

Bomberger, C., Singh-jairam, M., Rodey, G., et al. (1998) Reconstituição linfoide após transplante autólogo de PBCS com progenitores hematopoiéticos CD34$^+$ seleccionados por FACS. Sangue 91, 2588-2600.

Deer, D,. Shen, J., Vesey, G., Bell, P., Bissinger, P., e Veal, D. (1998) Flow cytometry and cell sorting for yeast viability assessment and cell selection. Yeast 14, 147-160.